作物学数字教学资源建设

高志强
阳会兵 著
唐文帮

CTS K 湖南科学技术出版社
·长沙·

序

农业是国民经济的基础，农业教育为农业发展提供智力支撑，始终受到党和政府的高度重视。2013 年启动卓越农林人才培养计划，2018 年 9 月 17 日教育部、农业农村部、国家林业和草原局印发《关于加强农科教结合实施卓越农林人才教育培养计划 2.0 的意见》，将卓越农林人才培养改革推向高潮。2019 年以来，全国高等农林院校掀起了新农科建设热潮，全面贯彻习近平总书记重要回信精神，充分认识建设发展新农科的重要意义，落实“安吉共识”“北大仓行动”“北京指南”的新理念、新使命、新目标、新举措，认真组织新农科研究与改革实践，全面推动新时代高等农林教育创新发展。

卓越农林人才培养和新农科建设都是适应新时代现代农业发展需要的重大改革，涉及农林人才培养的方方面面，不同农林院校都在实施各具特色的理论研究和改革实践。湖南农业大学完成的“卓越农业人才培养研究与实践”于 2019 年获湖南省高等教育省级教学成果特等奖，核心成果是卓越农业人才培养机制创新：分类培养、连续培养、协同培养，形成了一系列的改革举措和实践成效，在全国农林院校具有推广价值。

《作物学数字教学资源建设》一书是湖南农业大学的最新成果，他们主动适应“互联网 +”时代语境，面向教育现代化和智能教育，明确界定数字教学资源的概念范畴：数字化是数字教学资源的本质特征，网络教学平台、大数据平台、知识库平台是数字教学资源的主流载体，在线共享开放应用实现数字教学资源的巨大价值空间。在此基础上，提出数字教学资源建设的理论体系：教学资源生态位理论、数字教学资源组织与平台运维理论、数字教学资源应用与传播扩散理论。建成 1 个作物学大数据教学资源平台、4门国家级一流课程、19门省级一流课程，建成的数字教学资源在全国有405所高校应用，直接受益学生24万人，社会公众累计253万人次使用，推广应用效果显著。

十年树木，百年树人，人才培养是一项复杂的系统工程。农林院校的教师和教育工作者在卓越农林人才培养和新农科建设实践中，既要有自己的经验总结和思考凝练，也要吸纳同行们的研究成果和实践经验，稳步提升人才培养质量。

教育部植物生产类专业教学指导委员会主任委员
中国农业大学校长、教授、博士生导师

2021年10月5日

前　言

随着以大数据、云计算、物联网、人工智能为代表的现代信息技术迅速发展，人类进入泛在网络时代，人们的生活模式和生产行为发生了诸多颠覆性变化。泛在网络时代的现代教育，数字教学资源正在发挥巨大作用，演绎教育现代化的全新内涵。

2018年教育部印发的《教育信息化2.0行动计划》着重强调了积极推进“互联网＋教育”发展和数字化教育共享资源的建设。《人工智能＋教育》蓝皮书梳理了五个典型应用场景：智能教育环境、智能学习过程支持、智能教育评价、智能教师助理、教育智能管理与服务。指出人工智能技术的发展将使未来教育发生重大的结构性变革。数字教学资源建设，是教育信息化的实际行动，也是“人工智能＋教育”的基础设施工程。

2019年，教育部连续出台了系列文件：《教育部办公厅关于实施一流本科专业建设“双万计划”的通知》教高厅函〔2019〕18号、《教育部关于一流本科课程建设的实施意见》教高〔2019〕8号、《教育部办公厅关于开展2019年线下、线上线下混合式、社会实践国家级一流本科课程认定工作的通知》教高厅函〔2019〕44号、《教育部等十一部门关于促进在线教育健康发展的指导意见》教发〔2019〕11号等。系列文件的出台，明确了一流课程建设方向，规范了在线课程的建设及应用，在全国高校掀起了一流课程建设热潮。

2019年，我与中国工程院院士官春云先生合著《卓越农业人才培养机制创新》，提出了知识经济时代的人才培养转型升级：人类文明进入知识经济时代，对社会成员的知识水平和能力体系都提出了更高的要求，终身学习不再是一种追求，而是生活的重要组成部分；面对知识海洋和工作效率要求，学习者必须提高学习效率和成长速率，教师和教育工作者要重点关注受教育者的三大能力：面向目标的知识获取能力、面向任务的知识组织能力、面向效率的工具应用能力。近年来，多样化的数字教学资源不断涌现，为学习者开辟了广阔的知识获取途径。

湖南农业大学作物学教师团队是首批全国黄大年式教师团队，团队成员积极开展数字教学资源建设，已建成 2 门国家级一流课程、6 门省级一流课程、1 个作物学大数据资源平台，积累了丰富的数字教学资源建设经验，也开展了较系统的数字教学资源建设理论研究。本书的出版发行，能够与时俱进地纠正教育界对数字教学资源的认识偏差，网络教学平台、大数据平台、知识库平台都是主流的数字教学资源，新媒体、自媒体、融媒体等也在发挥着数字教学资源的作用。

2021 年 10 月 8 日

目　录

第一章　绪　论

随着以大数据、云计算、物联网、人工智能为代表的现代信息技术迅速发展，人类进入泛在网络时代，人们的生活模式和生产行为发生了诸多颠覆性变化。泛在网络时代的现代教育，数字教学资源正在发挥巨大作用，演绎教育现代化的全新内涵。

第一节　数字教学资源

一、教育教学资源

（一）教育资源

教育资源实际上是指“教育经济条件”，包括教育过程所占用、使用和消耗的人力、物力和财力资源。教育人力资源包括教育者人力资源和受教育者，即在校生数、班级生数、招生数、毕业生数、行政人员数、教学人员数、教学辅助人员数、工勤人员数和生产人员数等。教育物力资源包括学校的固定资产、材料和低值易耗物品等，固定资产分为共用固定资产、教学和科学研究用固定资产、其他一般设备固定资产。教育财力资源包括一切物资的货币形态和支付活劳动的报酬。

教育资源的分类方法有多种，按其归属性质和管理层次区分，可分为国家资源、地方资源和个人资源；按其办学层次区分，可分为基础教育资源和高等教育资源；按其构成状态区分，可分为固定资源和流动资源；按其知识层次区分，可分为品牌资源、师资资源和生源资源；按其政策导向区分，可分为计划资源和市场资源等。制度作为教育资源，它既可以是市场导向的，从而充分发挥市场机制在其他教育资源配置中的基础性作用；也可以是计划导向的，使得市场机制在教育资源配置中难以有所作为。古往今来，在各个不同的历史发展时期，人们因各自所处时代的社会制度、意识形态和物质生活水平的不同，对于教育资源的属性、价值、用途、利用方法和实现途径等有着各自不同的认识。新资源观认为，在知识经济条件下对某种资源利用的时候，必须充分利用科学技术知识来考虑利用资源的层次问题，在对不同种类的资源进行不同层次的利用的时候，又必须考虑地区配置和综合利用问题。教育资源作为公共资源的一种，受教育者始终是受益主体。因此，自从有教育历史以来，教育资源便承载着人类理想和社会公德的负荷，被视为厚德载物的载体。教育资源是公共社会资源和市场经济资源的混合体。教育资源在具备其他公共社会资源所具有的属性和功能的同时，也具备其他市场经济资源所具有的属性和功能。市场配置教育资源，就是按照市场运作规则，将教育资源的经营、管理、收益等权利，以制度的形式明确赋予教育主体——学校以及各类教育培训机构。

教育资源的构成，有其自身的规律和特点。教育资源在具备社会资源的一般性特点外，还具有以下几方面的自身特点：①公益性。教育资源的公益性是指公众受益的特性。公众受益是教育资源最为集中的体现。教育是一项公益性事业，这是人们对教育的利益属性和价值特征的基本判断，事实上也是人们从利益归属和资源配置等方面对教育运行规律的基本概括。维护教育的公益性是我国宪法和法律赋予各级政府、社会组织和每个公民的责任和义务。国家和政府的责任，是在制定涉及教育的法律法规时，要在保证公正公平的前提下，首先考虑教育资源的投入使用方式，从而确保教育维护公益性。教育资源的公益性的实现，是教育本质的根本体现，也是教育资源的核心价值所在。②产业性。教育的产业属性是与工业经济的发展、知识经济的出现，以及教育内容和教育模式的变化紧密相关的。同时，也应看到教育是一个复杂的社会结构群体，具有多重性、类别性、动态性和交错性。教育的属性并不是单一的，它既有传统观念的社会公益属性，也具有产业属性，但二者并不对立。教育资源的产业性是教育的物质属性的客观特征。③理想性。教育本身就是一项寄希望于未来的事业。教育理念、教育方针和教育价值观念，通常直接体现着现实的人生理想和追求。教育是一种期待：教育者对受教育者的期待，社会对人发展的期待。而期待本身就是对理想的憧憬；或者干脆直接说，教育就是对理想的追求。中国春秋时代的教育家孔子所提倡的好仁不好学，其蔽也愚；好知不好学，其蔽也荡；好信不好学，其蔽也贼；好直不好学，其蔽也绞；好勇不好学，其蔽也乱；好刚不好学，其蔽也狂的教育道德修养。战国时代的教育家孟子所推崇的富贵不能淫，贫贱不能移，威武不能屈的大丈夫浩然之气，唐朝教育家韩愈所倡导的博爱之谓仁，行而宜之之谓义，由是而之焉之谓道，足乎己而无待于外之谓德的德育主张，以及近代教育家陶行知为中国教育寻觅曙光，捧着一颗心来，不带半根草去的为了教育无私奉献精神，无不闪烁着教育理想的光芒。④继承性。和所有的资源积累一样，教育资源也不是现代人独有的发明创造，是伴随着教育的传承，一代一代继承而来的，也是古今中外教育实践经验的总结和许多先行者教育理论思维的结晶。所不同的是，教育资源的继承总是带有鲜明的公共性和崇高的社会理想性色彩。教育资源的继承多以社会化公共产品为载体，以精神文化成果为体现，最终为实现教育自身价值服务。教育资源是人类精神财富的核心所在。⑤差异性。教育资源的差异性是由于社会经济发展的不平衡性所造成的教育资源分布的不平衡性、管理体制和供给方式的差异性、社会对人才需求的信息不对称等原因形成的。教育资源的差异普遍存在于人类教育的各个层面、各个角落，构成了教育行为过程和效果的差异。在我国，教育资源的地区和城乡差异，是教育发展的一个突出矛盾，也是中国教育差异性的显著特色和具体体现。教育投入的差异，教育环境及条件的差异，生均教育经费的差异，教师收入的差异，师资水平及教学质量的差异等，说到底，都是教育资源的差异。这种差异在地区和城乡之间明显地、普遍地存在着，直接影响着教育的整体平衡发展，是制约国家教育战略实施的关键因素。⑥流动性。教育资源的构成因素的多元性和复杂性决定了教育资源本身的不稳定性。其中有人的因素，也有物的因素，还有政策导向和社会经济条件发展变化的因素等。教育资源流动性主要表现在：教师资源的流动、学生资源的流动和经费资源的流动等方面。

（二）教学资源

教学资源是指教学的有效开展所需要的素材及各种素材可被利用的条件。它包括教材、案例、音频、视频、图片、课件等，也包括教师资源、教具、基础设施等。从广义上来讲，教学资源可以指在教学过程中被教学者利用的一切要素，包括支撑教学和为教学服务的人、财、物、信息等。从狭义上来讲，教学资源就是学习资源，具体包括：①教学资料。是指蕴含特定教学信息，能够创造教育价值的各类信息资源。信息化教学资料指的是以数字形态存在的教学材料，包括学生和教师在学习与教学过程中所需要的各种数字化的素材、教学软件、补充材料等。②支持系统。主要指支持学习者有效学习的内外部条件，包括学习能量的支持、设备的支持、信息的支持、人员的支持等。③教学环境。教学环境不只是指教学过程发生的地点，更重要的是指学习者与教学材料、支持系统之间在进行交流的过程中所形成的氛围，其最主要的特征在于交互方式以及由此带来的交流效果。教学环境是学习者运用资源开展学习的具体情境，体现了资源组成诸要素之间的各类相互作用，是我们认识学习资源概念的关系性视角。

自从 20 世纪 30 年代视听教育兴起以来，媒体的种类越来越多，应用也越来越广泛，教育观念也正在发生变化。早期，教师被看成信息源，媒体只起单向传递作用，把知识传授给学生，学生处于被动学习状态；到了 70 年代，人们认识到学生是学习活动的主体，媒体成为师生相互沟通的中介物，师生应该更多地交流；到了 80 年代，学习心理学的发展推动了教育技术的进步，媒体再也不仅仅是传递信息的“通道”，而是构成认知活动的实践空间和实践领域，人们更加注意和关心媒体环境了；到了 90 年代，人们认识到“教育技术是对与学习有关的过程和资源进行设计、开发、运用、管理和评价的理论和实践”，教学资源已经被提到了非常重要的地位，关心教学资源建设，加强对教学资源的认识和研究是极其迫切的任务。

二、数字化教学资源

（一）数字教学资源及其类别

数字教学资源是指经过数字化处理，可以在多媒体计算机上或网络环境下运行的，可以实现共享的多媒体学习材料。它具有多样性、共享性、扩展性、工具性等特点。数字化教学资源涵盖的内容十分广泛，包括多媒体课件库、多媒体素材库、视频资源库、网络课程、数字化图书馆、教师教学网站群、专业课程资源库等多方面。

数字教学资源可以划分为五大类：①文本素材。文本素材的主要类型有教案、教材文本、学位论文、学术成果介绍、专业期刊、政策法规、人物说明、历史资料等以文字为媒介的教育参考资料等。文本素材的主要格式有 DOC、TXT、PDF、HTML 等。中文字体尽量用宋体和黑体，字号不宜太小和变化太多，背景颜色应与字体前景颜色协调。②图形（图像）素材。图形（图像）素材应采用目前 Internet 上通用的 GIF 和 JPG 格式处理和存储。彩色图像的颜色数不低于 8 位色素，灰度图像的灰度级不低于 128 级，图形可以为单色。③音频素材。音频素材的主要类型有音乐类、音效类和语音等。音频数据存储的主要格式有 WAV、MP3、MIDI 和流媒体音频格式。数字化音频以 WAV 格式为主，用于欣赏的音乐使用 MP3 格式，MIDI 设备录制的音乐使用 MIDI 格式，而用于实时交互的音频使用流媒体格式。④视频素材。视频类素材使用 AVI、Quick Times、MPEG 和 REAL 四种存储格式。在 PC 平台上主要使用 AVI 格式，Apple 系列主要使用 Quick Times 格式，如果需要较大视频则使用 MEPG 格式，在网上实时传输视频素材则使用 REAL 流媒体格式。视频类素材图像颜色数不低于 256 色或灰度级不低于 128 级，素材中的音频与视频要有良好的同步。⑤动画素材。动画素材使用的格式为 GIF、Flash、AVI 动画、FLI/FLC 格式。

最好用 GIF 或 Flash 格式,动画色彩造型要和谐,帧和帧之间的关联性要强。

（二）数字教学资源的一般特点

数字化教学资源有以下特点：①获取的便捷性。利用数字化教学资源的学生可以不受时空和传递呈现方式的限制，通过多种设备，使用各种学习平台获得高质量课程相关信息,可以实现随意的信息的传送、接收、共享、组织和储存。②形式的多样性。数字化教学资源以电子数据的形式表现信息内容，其主要的媒体呈现形式有文本、图像、声音、动画、视频等，极大地丰富了信息内容的表现力。除此之外，其友好的交互界面、超文本结构极大地方便了学习者的学习，虚拟仿真的应用也更有助于学习者对知识的记忆与理解。③资源的共享性。利用电子读物或网络课程实现的资源共享传播面要比普通信息资源共享的传播面大。④平台的互动性。数字化教学资源与以往传统的教学资源相比较，其最大的优势在于其互动性，无论是通过网络媒介进行的学习方式，还是通过光盘等进行的学习方式，其双向交流的方式得到越来越多学习者的喜爱。一方面学习者可以通过网络上的交流工具，实现与老师或学生之间的交互；另一方面学习者还可以从学习软件的数据库中寻求问题的答案，同时也可将软件数据库自行更新。⑤内容的扩展性。数字化教学资源的扩展性主要表现在以下两个方面：可操作性和可再生性。可操作性：数字化学习过程，既把课程内容进行数字化处理，同时又利用共享的数字化资源融合在课程教学过程中，这些数字化学习内容能够被评价、被修改和再生产，它允许学生和教师用多种先进的数字信息处理方式对它进行运用和再创造。可再生性：经数字化处理的课程学习内容能够激发学生主动地参与到学习过程中，学生不再是被动地接受信息，而是采用新颖熟练的数字化加工方法，进行知识的整合、再创造并作为学习者的学习成果。数字化学习的可再生性，不仅能很好地激发学生的创造力，而且能为学生创造力的发挥提供更大的可能。

（三）数字教学资源的表现策略

数字教学资源作为一种基于现代信息技术和现代教育技术的教学资

源，通常需要利用以下表现策略：①多媒体呈现。网络环境中的信息丰富多彩，可以为学习者提供文本、图形、视频、动画和声音等多种媒体信息，能够增加教学内容的真实性、科学性和趣味性，可以提高学生的学习积极性，有效地激发和维持学习者的学习兴趣。②超文本组织。超文本是一种非线性的搜索行为，是参照人的联想思维方式非线性地组织管理信息的一种先进的技术。网络课程的非线性结构符合人类的认知规律，可以实现教学信息的灵活获取，有利于学习者进行联想思维。③系统性指导。网络课程的章节学习指导可以包括学习建议、学习策略、学习目标、单元测验、单元作业等，这样有利于学习者高效地完成学习任务。④内容整合性。知识内容的组织要由简单到复杂，使学习者渐进、逐步深入地学习课程知识。各种课程内容之间具有横向联系，帮助学习者获得统一和系统的观点。

三、数字教学资源平台

（一）网络教学平台

基于网络的学习平台是集合了在学习支持服务系统中硬件、软件、人三方面因素的一个中心，在这个平台上可以实现学习者的学习过程，可以给学习者提供所需要的资源，是一个非常有效的虚拟学习环境系统。网络教学不仅仅是将教学材料在网上发布，而更多的是学生与教师之间、学生与学生之间的充分沟通与交流。利用网络技术开发的教学支持平台成为教师与学生交流的工具，为教师在网上实施教学提供了全面的信息化环境和支持。

能够实现基于网络教学的平台系统很多。国内有一些如电大在线、清华网络学堂、天空教室、北师大 Vclass、北京大学的 BluePower、卓越远程互动、学银在线、学堂在线、中国大学 MOOC、智慧树平台等。欧美国家也开发了许多网络教学平台，如 Blackboard、WebCT、Learning Space 和 Web Course 等。这些产品有的是一个小型的工具，有的是一个大型的网站或系统，大多具有课程发布能力以及跟踪和管理能力，支持自主学习和实时学习，部分产品还具有集成的课程内容与编创工具，这些平台系统已在远程教育、校园网学习、企业培训等方面广泛应用。这些网络教学平台的系统的基本功能要素应有：①学习信息的发布和在线课程浏览。能够为学习者提供最新的教学信息，提供学习课程计划和授课的具体安排、课程评测、单元测验、资料库、视频课程点播等。②在线学习和在线测试。学生完成了课程的学习后完成相应的在线作业，教师能对学生的在线作业完成情况做出成绩的评定。系统对作业或一些提问进行自动评测，给出相应的答案和题解。③学习讨论和电子邮件。教师可以出讨论题目供学生之间讨论，也可以学生之间就某个感兴趣的问题互相讨论，为师生之间提供可以进行实时或非实时的网上学习讨论平台。同时还可以通过电子邮件提供学生之间以及学生与老师之间的学习联系。④资源库和文件上传。为学习者提供丰富的多媒体的学习资源及在线教学资源，同时可以上传教师和学生的教学资料或学习资料。⑤学习空间及检索、协作学习工具。能体现学习者信息与学习情况的空间，供教师了解学习者的具体情况。学习者能快速检索到自己需要的或感兴趣的教学信息和资料。同时还提供同步协助学习工具，如学术聊天、电子白板、小组学习情况浏览和视频课堂等学习工具。⑥学习进度的安排和查看。进行教师教学进度的安排和学生学习的安排，并且老师可以通过平台查看学生的学习情况，以便督促学生进行学习。⑦书签和后台监控。书签主要是记录学习者的学习轨迹，方便学习者快速查找相关资料；后台监控主要用于维护和管理平台系统，保障平台正常安全地运行。⑧平台导航。指导平台系统的使用，并给学习者提供所需要的帮助。

不同的平台系统其组成的元素和侧重点不一样，但一个完整的网络教学平台应该至少具有四个方面的功能。①课程的开发功能。该功能是网络平台系统最基本的功能，利用这一功能，教师可以在网络教学平台上建设网络课程。如教师可以上传教学视频、教学大纲、课程信息、课程宣传片以及教学有关的文档，学生可以在平台根据自己的需要下载浏览或在线查看。②课程的工具功能。该功能主要为课程教学提供了多样化的工具，便于教师进行教学和课程信息的发布以及学生之间通过各种手段进行沟通。如通用的电子邮件工具、BBS、论坛、讨论区、实时会议系统、在线聊天系统等。不同的网络教学平台所包含的工具各有特色，所具有的功能页不相同。③评价管理功能。为了更好地保证网路课程的教学质量，网络教学也应像传统教学那样具有一些监测教学质量的环节，如教师发布作业题、考试题、测验题、讨论题、调查问卷等，教师能在线批改学生作业、修改考试成绩等。学生可以通过在线答题或者上传作业等其他方式来完成老师布置的任务。④用户管理功能。一个完整的网络教学平台至少包含三类用户。第一，管理员。可以管理该平台的全部课程和用户，如初始化新课程，分配课程资源，删除课程，为课程设计者或课程负责人设置个人账号信息等。第二，教师。利用网络教学平台可以创建课程、建设课程、维护课程和管理学生用户等。第三，学生。可以浏览课程内容，参加学习和测验、参加考试、提交作业、参与讨论等。除此之外，有些平台还设定了评分员和观察员等。

（二）大数据资源平台

大数据是指无法在一定时间范围内用常规软件工具进行捕捉、管理和处理的数据集合，是需要新处理模式才能具有更强的决策力、洞察发现力和流程优化能力的海量、高增长率和多样化的信息资产。

现代信息技术的迅速发展，大数据、云计算、物联网、人工智能、区块链等最新信息技术为现代教育技术提供了强劲的技术支持，不同行业、不同领域、不同产品都可以开发大数据平台，大数据平台及其承载的大数据资源，是具有现代意义和特殊价值的数字教学资源。

（三）知识库平台

图书情报系统的数字化，已经升格为多样化的科技文献知识库；科学数据的有效汇集，构建了不同领域的科学数据资源库；人工智能技术的高速发展，演绎出智能化的专业化知识库，实现“人工智能 + 教育”的突破性进展。各种知识库平台汇集了多样化的海量数字教学资源，为知识经济时代的社会公众提供了全新条件和空间。

第二节 人工智能与智能教育

人工智能技术在感知智能方面已经取得了很大突破并进入到了应用阶段，但在认知智能方面还需要技术攻关。人工智能技术在教育领域的应用与传统教学方法相比，具有比较显著的正面影响。教育部门要充分利用人工智能技术，在管理、教学各个领域充分发挥其正面影响，促进教育发展与改革。教育有很强的特殊性，技术融入教育的过程中本身有难度。人机对话同人与人之间的对话有很大区别，人与人之间对话是一种有温度的对话，既有知识、信息的交流，也有情感因素的交流，这一点在人机对话中很难做到。所以，人和机器的结合怎么样变得更加友好、更有温度，是未来人工智能与教育领域深度结合需要认真思考的问题。人工智能不仅仅是使基于计算机的教学自动化，还有助于开创难以实现的新的教学方式。人们期待人工智能给教师和学校赋能，从而使学习变得容易和有趣。

一、人工智能技术原理

人工智能是当今世界最活跃的前沿学科，它涉及计算机科学、心理学、哲学和语言学等一个庞大的学科领域，是典型的多学科协同创新研究领域。

（一）模拟人类思维机制

简单地说，人工智能是借鉴、模拟、模仿人类智能的新兴学科或研究领域。智能机器人是人工智能领域的典型成果。2016 年 3 月，AlphaGo 与围棋世界冠军、职业九段棋手李世石进行人机大战，以 4 比 1 的总比分获胜，其后更是连获佳绩。人们震惊：人工智能机器人完全可以超越人类智能。开展人工智能研究，设计和制造模拟人类智能的智能机器，必须深入了解人脑的运行机制，包括人类思维的生理机制和心理机制。

从生理机制角度探讨，人类思维源于对外界信息的获取、加工与应用，这需要依赖感觉器官、神经元、周围神经系统和中枢神经系统的协同工作。眼、耳、鼻、舌、肤等感觉器官接受外界信息，是人类思维的起点，这些感觉器官接受外界信息的能力来自多样化的神经元，神经元感受到信息后将相关信号传输到周围神经系统，进而传送到中枢神经系统。人类思维的实际运行系统和控制中心是大脑，大脑对各类信息进行一系列复杂的综合处理过程，形成相应的决策并付诸行动，形成人类思维的生理机制和自主行为能力基础。

人类思维的心理机制，体现为一系列复杂的心理过程。基于感觉器官获取外界信息形成感觉，是一种实体感官体验；在感觉的基础上综合原有知识、经验而形成知觉，这是一种综合知觉体验；在感觉、知觉基础上结合个体的情感、意志形成综合判断或主观思维体验，属于意识范畴；在主观意识和客观现实面前，大脑必须形成明确决策，这是一种综合思维体验；根据决策由中枢神经系统指挥形成语言表达或肢体运动，就是行动，这是决策实施过程；行动付诸实践后得到了特定的实际效果，大脑的后续活动就是一种反馈思维体验（图 1–1）。这是对人类思维心理机制的链条式表达，实际上人类思维是很多这类链条式过程交织在一起，依托神经系统形成复杂的网络关系。

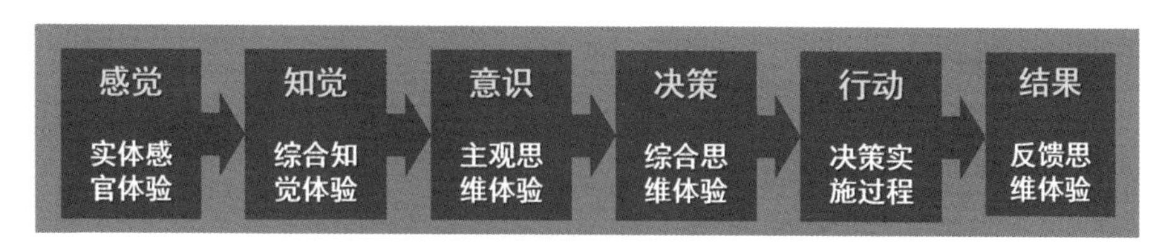

图 1–1　人类思维的心理机制

（二）人工神经网络技术

模拟人类思维的生理机制和心理机制，形成了多学科融合的人工神经网络技术，奠定了计算机深度学习的技术基础。人工神经网络是一种模仿动物神经网络行为特征的数学模型。人工神经网络的基本结构是输入层获取各类信息，若干个隐藏层对这些信息和原有知识进行综合处理加工，最后到输出层形成输出信息。在这里，人工神经网络的本质还是科学计算。以图像识别为例，当我们看到某个实物，比如公鸡，首先通过眼睛获取图像信息，包括外形轮廓、颜色等，这些信息通过视神经进入大脑以后，经过中枢神经整合形成感觉，再调用原有知识、经验综合判断形成知觉，结合主观思维体验形成意识，如果我们以前见过公鸡，就会形成这是一只公鸡的完整认知过程。计算机深度学习的人工神经网络正是模仿这一过程，通过传感器获取图像信息，形成输入层的像素阵列，运用云计算调用云平台资源池中的图像进行比对和模糊识别，基于人工神经网络隐藏层就会形成感觉—知觉—意识的类似过程，最终形成输出层的结果（图 1–2）。

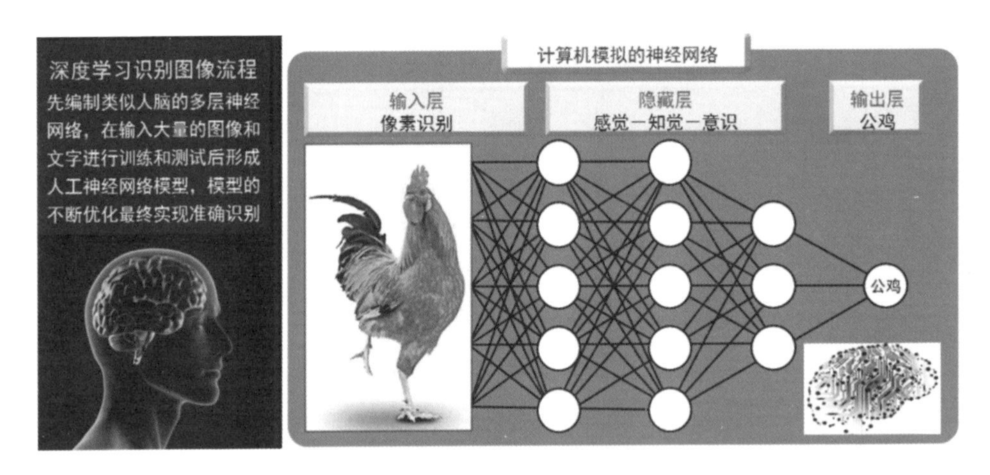

图 1–2　深度学习识别图像流程

（三）人工智能实现机制

刚出生的自然人到成年后的社会人，在不断的学习与检验中积累知识、经验并运用于实践，逐步提升自己的能力。在机器学习领域，计算机依托海量、实时、非结构化大数据资源进行训练和测验，从而得到专项任务的决策模型，通过模型验证、模型测试和不断优化，就可以利用模型解决实际问题（图 1–3）。在使用模型的过程中得到了新的大数据，从而实现模型的递进式优化过程。现代信息技术对大数据资源和云计算的高效应用，使经过反复训练和实际作业的机器人在专项任务方面完全能够表现出超人的能力。

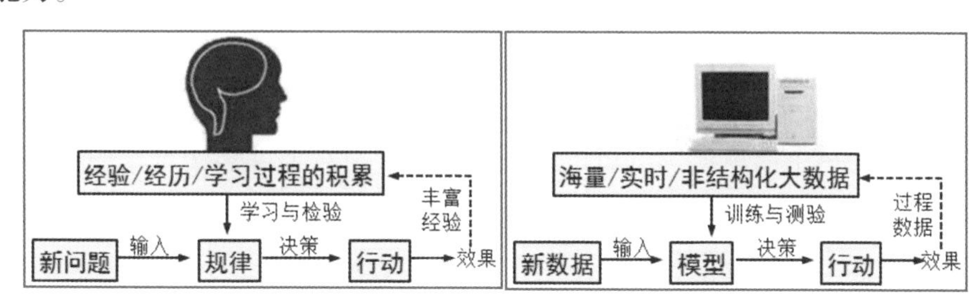

图 1–3　人类学习与机器学习

机器学习是人工智能的核心，它专门研究计算机怎样模拟或实现人类的学习行为，以获取新的知识或技能，不断提升解决实际问题的能力和水平。机器学习已形成一个庞大的方法体系，可以简单地概括为两大类：监督学习和无监督学习。其中，监督学习是利用一组已知类别的样本调整分类器的参数，使其达到所要求的性能；无监督学习用于处理未被分类标记的样本集。机器学习在获取数据后进行数据分析以提取特征，进而构建机器学习算法，最终形成决策模型（图 1–4）。

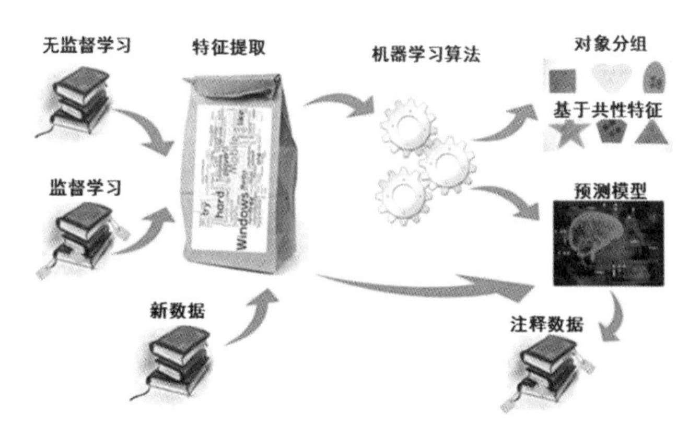

图 1–4　机器学习的工作流程

人工智能模拟人类思维的感觉、知觉、意识、决策过程，可以粗略地构建信息采集、信息加工、信息凝练、信息升华等多层感知器。多层感知器是一种前向结构的人工神经网络，映射一组输入向量到一组输出向量，每一层全部连接到下一层。除了输入节点，每个节点都是一个带有非线性激活函数的类似人类神经元的处理单元。一个完整的多层感知器运行过程可以理解为一个简单事件的思维过程，深度学习需要许多次这样的训练过程，在训练过程中，一种被称为反向传播算法的监督学习方法被用来训练多层感知器，从而实现人工神经网络的不断优化（图 1–5）。目前，深度学习在图像识别、语音识别、自然语言处理等领域已得到广泛应用。

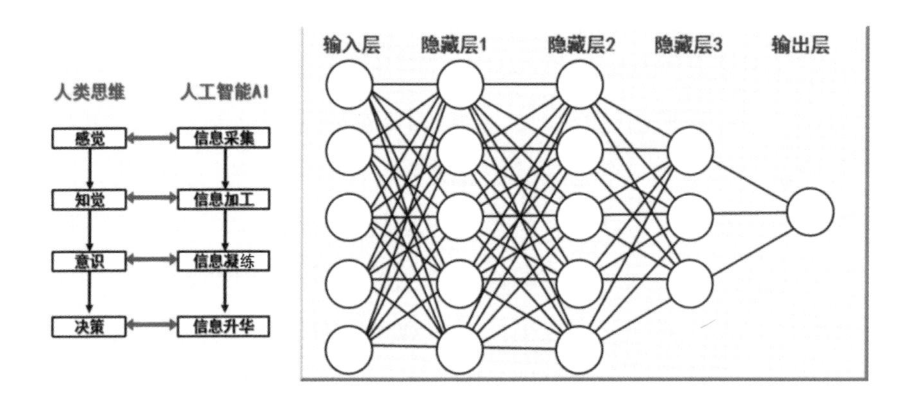

图 1–5　深度学习的多层感知器

人工智能是机器模拟人脑的思维机制，但机器始终是物理设备，在模拟人类思维的生理机制方面，必须配备相应的硬件资源，采用各种传感器模拟人类的感觉器官，实现人工智能的数据采集；复杂的通信设施实现系统内的数据传输，类似于人类周围神经系统；基于多层感知器的人工神经网络完成复杂的函数运算和推理，类似于中枢神经系统。模拟人类的形象思维，机器实现数据采集、传输、存储、整理、变相、转型、分解、整合等功能，这方面的技术已相对成熟；模拟人类的逻辑思维，实现数据信息的分类、归纳、排列、对比、筛选、判别、推理等过程，这方面的人工智能以计算数学为基础，具有很大的发展空间；模拟人类的创新思维是人工智能的难点和重点，实现思维辐射、逆向、求异、突变、直觉、灵感、顿悟等，目前尚处于起步阶段，可以说任重而道远（图 1–6）。从另一方面来说，真正实现了创新思维的人工智能，有可能引起人类恐慌，超越人类的机器人如何对待人类，这是科学哲学和伦理学领域关注的一个重大课题。

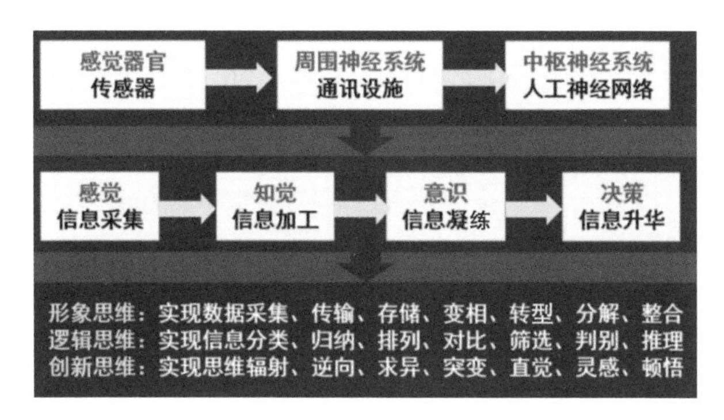

图 1–6　模拟人类思维的人工智能过程

人工智能已形成一个庞大的知识领域，机器学习是人工智能的方法论基础，深度学习是机器学习的一个全新领域。人工智能的最大空间和挑战，就是模拟和超越人类的创新思维，伟人们的直觉、灵感、顿悟等尚没有心理学基础和哲学根基，机器模拟也就无从下手，这也正是人工智能的巨大挑战性。

二、人工智能赋能教育

当今世界已进入信息化时代，人工智能显示出了颠覆性的力量，它已走出学术研究的象牙塔，并在日常生活之中普及，逐渐成为公众讨论的前沿焦点。从智能客服到智能设备，从人脸识别到自动驾驶，人工智能的应用无处不在。新冠肺炎疫情防控期间，学校封闭使得在线教学广泛应用，而这种迅速而巨大的转变，让我们对上述问题似乎有了更加深刻的认识和理解。人工智能帮助人类实现了各种各样的可能，但日新月异的技术不可避免地也带来了种种风险和挑战。人们对人工智能的顾虑主要是其是否会强大到碾压人类成为主导，但事实上，涉及人工智能的伦理影响则更加迫在眉睫，例如，个人数据的滥用、加剧不平等。作为社会的热点问题，教育也不可避免地被人工智能“染指”。“智能”“自适应”和“个性化”的学习系统日益增多。

（一）如何理解人工智能与教育的关系

人工智能在教育领域的应用可以追溯到20世纪70年代。当时，研究人员感兴趣的是见证计算机如何取代“一对一”人工辅导，计算机辅助教学被视为最富有成效、但大多数人难以达到的教学方法。

人工智能在教育领域的应用朝着多个方向发展，首先是面向学生的人工智能（为支持学习和测评而设计的工具），然后是纳入面向教师的人工智能（为支持授课而设计），还有面向系统的人工智能（为支持教育机构管理而设计）。实际上，人工智能与教育之间的互动不止如此，除了课堂上的人工智能应用（即“使用人工智能学习”），会教授人工智能技术相关知识（即“学习人工智能”）以及帮助大家准备好应对人工智能时代的生存技能（即“为了人机协同而学习”）。目前，大家通常将教育人工智能应用分为三大类：面向系统的、面向学生的、面向教师的。但为了方便研究和讨论，我们按四种需要将新兴和潜在人工智能应用分为四大类：教育管理和供给、学习和测评、赋能教师和提高授课质量，以及终身学习。

有一点需要强调，那就是承认这些类别之间存在固有的相互关联。因为人工智能在教育领域的应用不只是满足单方面的需要，比如教辅应用程序在设计上需要同时为老师和学生提供支持。

（二）利用人工智能支持教育管理和教育供给

人工智能技术正越来越多地应用于促进教育管理和教育供给。这些面向系统的应用并不直接支持教学，而是旨在实现学校行政管理各个方面的自动化——建立在教育管理信息系统的基础上，涵盖招生、排课、考勤、作业监测以及校务监管等。这类基于大数据的管理系统，为教师和学校管理人员提供相关信息，偶尔也向学生提供指导，例如，分析预测哪些学生有不及格的风险。

从教育体系得来的大数据也有助于教育供给方面的政策制定。公立教育机构越来越多地使用大数据来创建数字化、交互式的数据可视化工具，在此基础上为政策制定者提供教育体系的最新信息。事实表明，根据对学习者个性化需要和学习水平的分析，人工智能能够有效管理不同平台的学习内容。

然而，要想使任何基于数据的分析工具有用，使其结论值得到信赖且兼顾公平，原始数据及其代理指标就必须准确无误、不偏不倚，同时采用的计算方法也必须适当且稳健。这些要求看似简单，但经常没有得到严格遵守。

无论如何，总会有一些人工智能技术公司收集大量的学生互动数据，只是为了给使用机器学习方法"寻找规律"。这样做的目的是通过软件识别哪些孩子感到困惑不解或枯燥乏味，在此基础上提高学生的专注度，使他们更加投入到课堂的学习中。听起来这非常不错，但这一做法也存有争议。部分人认为，这种数据采集为"边缘型心理健康评估"，这也许会对孩子们有负面的心理暗示作用。

同时，这类人工智能工具也被用于监测学生在课堂上的注意力，或是被用于跟踪学生出勤情况和预测教师的授课表现等。无论是上述哪些情况，都产生了令人担忧的后果，因此，我们在使用此类人工智能工具的时候应当慎重地甄别和筛选。

（三）利用人工智能支持学习和测评

以面向学生为主的人工智能技术应用，最受研究人员、开发者、教育工作者和政策制定者的关注。这些称为"智能导学"的应用工具被视为"第四次教育革命"的一部分，旨在为每位学习者提供优质、个性化和无处不在的终身学习（正规、非正规以及非正式）机会，不论他们身在何处。

在所有人工智能教育应用程序中，智能导学系统既具有最长的研究历史，也是教育领域最常见的人工智能应用程序，而且它的学生受众人数也是最多的。此外，多年来，这些系统吸引了最高水平的投资和关注度，备受世界上领先科技公司的青睐，而且全球各地的教育体系一直采用这些系统，学生用户群体数以百万计。

总的来说，智能导学系统的工作机制是：围绕数学和物理等结构化科目中的议题，为每位学生提供个性化的分步教程。系统会借鉴相关科目和认知科学的专业知识，通过各种学习资料和活动决定学生的最优学习路径，同时针对个别学生的误解和成绩作出回应。在学生参与学习活动的过程中，系统会采用知识追踪和机器学习方法，根据个别学生的优劣势自动调整难易水平并给予提示或指导，这一切只为确保学生能够高效地学习相应主题。有的智能导学系统也捕捉和分析学生情绪状态的相关数据，包括通过监测学生的目光来推断他们的专注水平。

不过，虽然这看起来颇有吸引力，但是需要认识到，智能导学系统中所体现的假设和典型的指令式知识传播教学方法存在局限性，忽视了其他方法带来的可能性，比如协作学习、引导性发现式学习和从错误中学习等。而且在智能导学系统大量应用的同时，还引发了例如减少了师生之间的沟通交流等问题。

（四）人工智能为教师赋能

尽管面向教师的人工智能应用具有增强教师能力的潜力，但迄今为止，利用这些应用来增强和提高教学水平受到的关注，远远少于面向学生的人工智能。许多面向教师的人工智能应用旨在通过自动化任务，如评估、剽窃检测、管理和反馈，从而帮助教师减少工作量。这些应用的产生是源于人们认为，一些琐碎的工作应该减少或避免，而后为教师腾出更多的时间投入到其他任务中，比如为个别学生提供更有效的支持。但是，随着人工智能的发展，教师可能得到更大程度的解放，以至于有些人认为可以消除人类教师这一社会角色。当然，这是极端的认知，普遍的认知是随着人工智能工具在课堂上的普及，教师的角色可能会发生变化。所以，教师必须培养新的能力，才能够与人工智能有效合作。目前的人工智能与人类的“双师”模式，不管是有意还是无意，都取代了教师的一些任务，而不是我们期许的协助教师更有效地教学。人工智能教学助手或许才是未来的发展方向。

人工智能可以帮助人类教师完成许多任务，包括提供专业知识资源、监测学生表现等。但是，教什么以及如何教学生仍然是教师的责任和特权，人工智能仅仅是教师的工具。人工智能驱动的教学助理如前所述，许多技术的设计目的是让教师从耗费时间的活动中解脱出来，如考勤、批改作业和反复回答同样的问题等。这样一来，人工智能技术实际上“接手”了大部分教学工作，不可避免地减少了师生的交流，冲淡了师生之间的感情，最终可能会发展到教师沦为了功能性角色。作文自动评阅系统是一个新兴的人工智能程序，它的目的就是减轻教师大量阅读、评论作文的负担。然而，正如上文所指出的一样，虽然评阅工作可能很繁重，但它往往是教师了解学生能力和思想的一个重要机会。如果使用作文自动评阅系统，这个机会就会丧失。此外，这种软件显然低估了教师的能力和经验。

三、人工智能 + 教育

2017 年，国务院印发《新一代人工智能发展规划》，强调利用智能技术加快推动人才培养模式改革和教学方法改革，构建包括智能学习、交互式学习在内的新型教育体系。2018 年，教育部出台《高等学校人工智能创新行动计划》，倡导推进智能教育发展，探索基于人工智能的新教学模式，重构教学流程，并运用人工智能开展教学过程监测、学情分析和学业水平诊断。近年来，人工智能技术得到了长足发展，尤其在计算机视觉、机器学习等方向与教育的结合日趋紧密，人工智能在教育领域中的应用呈现出快速增长的趋势。特别是在 2015 年之后，人工智能的各类教育应用不断涌现，也催生了一批致力于以人工智能赋能教育的企业。在国家政策和产业界双重推动的背景下，人工智能的多项关键技术正在教育领域发挥着越来越重要的作用，并逐步得到广泛应用。

（一）人工智能教育应用的内涵与关键技术

对于人工智能本身，学术界的定义并不统一，但公认的基本思想是利用智能机器来模拟人的智能，感知、学习、理解并最终解决生活中和某个领域中的实际问题。人工智能的教育应用可以理解为将人工智能技术融入教育核心业务与场景，促进关键业务流程的自动化与关键教育场景的智能化，从而大幅提高教育工作者和学习者的效率，创新教育教学生态。当前，多项人工智能技术正逐步在教育领域开展应用，包括机器学习、知识图谱、自然语言处理、机器人与智能控制等（图 1–7）。每项技术都具有较强的应用价值与丰富的教育应用方式。

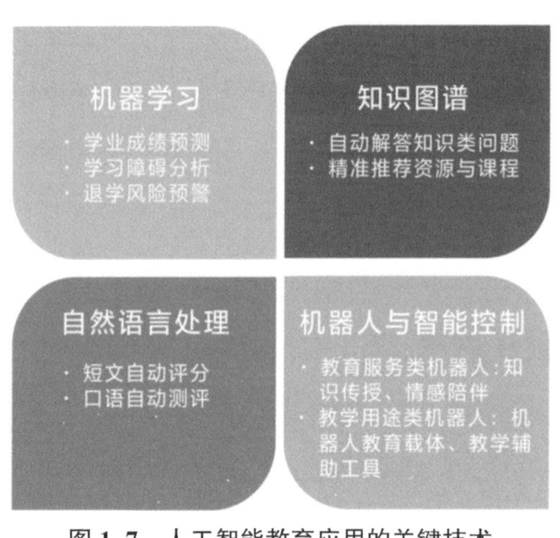

图 1–7　人工智能教育应用的关键技术

（1）机器学习。简单来说，机器学习是指机器通过对客观世界的观察获得经验，再利用经验改善自身性能的过程。典型的机器学习包括监督式学习、非监督式学习和强化学习等。其中，监督式学习是较为常用的一种，其工作原理是，机器基于一定规模的客观数据，利用特定的算法和模型，自动学习数据中所蕴含的规律性信息，从而帮助人们解决实际问题。如果模型是基于多层人工神经网络构建的，那么这一类监督式学习通常被称为深度学习。深度学习也是当前人工智能领域的研究热点，大量相关的技术和模型已经被应用于社会的各个领域。机器学习在教育中也已有较为广泛的应用。例如，基于所采集的学生多维度数据，学校和教师可以对学生的学业成绩做出预测，对其可能的学习障碍和困难进行分析，对其退学（尤其在慕课学习环境中）的风险进行预警等。

（2）知识图谱。知识图谱是基于图的一种结构化的知识表示方式，本质上是一种大规模语义网络，包含较大数量的实体以及实体之间的多种语义关系。它可以较为高效地对海量数据进行存储与检索。知识图谱最早被用于网络搜索引擎技术中，以帮助用户从搜索中直接得到所需的答案。这类知识图谱通常涵盖大量的常识性信息，其实体与实体间关系的数量规模通常也较大，一般有千万个实体与上亿个实体间关系的规模。教育领域有构建简单知识地图与思维导图的传统，但建立知识地图与思维导图的主要目的是促进教学，从严格意义上说并不属于知识图谱的范畴。近年来，教育知识图谱的构建逐渐活跃，尤其是相继建立了针对慕课平台上的课程类知识图谱以及针对中小学学科类的知识图谱，但在总体规模上，这两类图谱与通用知识图谱相比要小得多。基于所构建的教育知识图谱，智能化教育系统可以自动解答学生所提出的学科知识类的问题。另外，基于教育知识图谱，系统还可以进行相关教学资源与课程的个性化、精准化推荐。

（3）自然语言处理。自然语言处理技术主要用来实现人与智能机器之间通过自然语言进行有效交互。人类所使用的自然语言，通常其语言结构与语义信息较为复杂。因此，自然语言处理技术是人工智能领域难度较大的技术之一，目前仍处于较为初级的阶段。简单而言，自然语言处理技术可分为基础技术和应用技术两类。基础技术包括词法与句法分析、语义分析、语篇分析等，应用技术包括机器翻译、信息检索、情感分析、文字识别等。当前，自然语言处理技术在教育中也有诸多应用。例如，短文自动评分系统已经在 GMAT 和 TOFEL 考试中使用多年，并被不断改进以接近人类的评分水平。口语自动测评系统也已经开始广泛应用于中考等关键性考试，并已被嵌入各类语言学习软件中应用。

（4）机器人与智能控制。机器人作为人工智能技术的主要载体之一，涵盖了智能感知与推理、规划与决策、控制与交互等。机器人当前在无人驾驶、室内服务、物流运输、极端环境等多个领域均有运用。教育领域的机器人可以简单分为教育服务类机器人与教学用途类机器人。教育服务类机器人通常作为不可拆分的软硬件整体，直接服务于教学过程，完成特定的教学任务，如通过与学生的互动完成知识传授或情感陪伴。教学用途类机器人则通常由可拆分组合的硬件以及可编程的软件组成，作为机器人教育的载体或 STEM、创客课程的教学辅助工具。

（二）人工智能技术的典型应用场景

大数据、云计算、物联网、人工智能等现代信息技术的综合应用，至少可以实现人工智能教育应用的五大典型场景：智能教育环境、智能学习过程支持、智能教育评价、智能教师助理、教育智能管理与服务（图 1–8）。

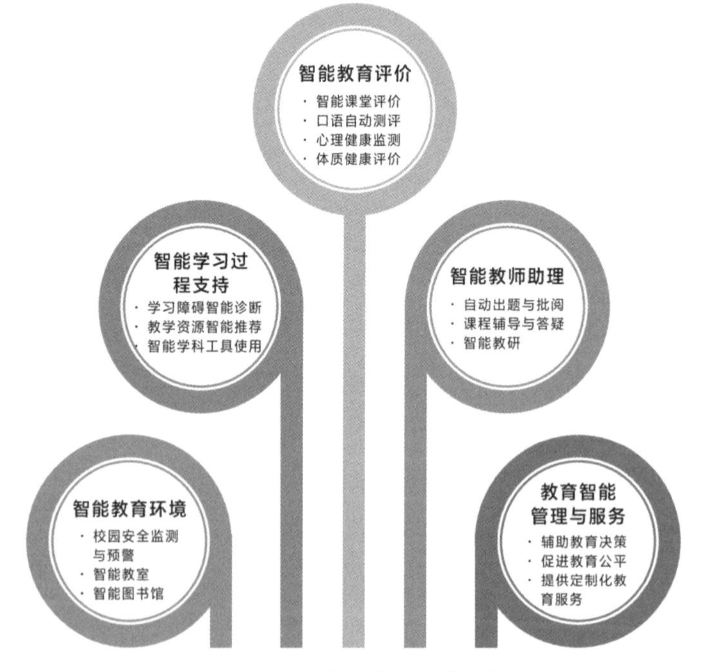

图 1–8　人工智能教育应用典型场景

（1）智能教育环境。智能教育环境指具备智能感知和交互能力的教学环境，可以进行多模态的教育信息采集，并满足多样化的学习需求。基于人工智能的各项关键技术，当前教育环境中的典型应用包括校园安全监测与预警、智能教室和智能图书馆等。①校园安全监测与预警。计算机视觉和机器人等技术的发展使得利用人工智能自动维护校园安全成为可能。例如，智能校园巡逻安保机器人可以通过视觉传感器采集进入校园人员的面部信息，进行身份验证，并记录学生到校和离校的时间。校园安全视频监控系统结合机器人技术，还可以进行24小时不间断巡逻，及时检测校园中可能发生的异常情况并提醒安保人员。系统中还可以嵌入感烟、感温、火焰、可燃气体探测器等多种传感器，做到校园安全的全面预警与防护。②智能教室。基于自然语言处理与计算机视觉等人工智能技术建设的智能教室，可以对教学过程进行深度分析与评价。在教师端，智能教室可以通过体态与语音识别技术，对教师的教态与教学模式进行自动分析；在学生端，智能教室可以通过情感计算与机器学习技术，对学生群体与个体的学习行为、情绪、专注度等进行自动分析。在此基础上，它还可以进一步对教学效果进行多维度、过程性评价，也有助于深入分析教师授课风格及与学生的情绪契合度等。另外，智能教室不局限于传统学校内的物理空间，在线上学习空间中也可以构建相似的智能教学环境。③智能图书馆。在图书馆藏书量不断增加的现实情况下，日益繁重的图书管理任务仅靠人工操作难以完成，图书管理的智能化成为必然趋势。在智能图书馆中，读者自主借还、检索、查询、下载、复印、阅览等多项服务已得到逐步实现。基于人工智能技术的智能图书盘点机器人可以对图书馆藏书进行自动化盘点，检查是否发生了丢失、错架放置图书等问题，并实时更新图书的位置信息。

（2）智能学习过程支持。学习是学生通过教师或同伴的帮助和支持，获得知识与技能的过程。学生通常需要在学习中得到科学、及时的支持，才能高效完成这一过程。基于人工智能的各项关键技术，现阶段智能学习过程支持系统的典型应用有学习障碍智能诊断、教学资源智能推荐和智能学科工具使用等。①学习障碍智能诊断。对于学生因领域知识缺失而产生的学习障碍，我们可通过构建领域知识点间的逻辑结构关系来进行智能诊断。基于机器学习模型，智能学习过程支持系统能够构建知识层面的逻辑结构关系以及不同知识点间的障碍依赖关系，从而精准判断每位学生薄弱知识点产生的原因。②教学资源智能推荐。运用机器学习算法，智能学习过程支持系统可以对学生的知识掌握情况、学习专注度等关键指标进行准确评估，从而为学生精准推荐相应的学习资源。例如，当前多种智能学习平台利用学生的过程性测评数据，自动分析并推荐符合其能力水平、学习状态的学习内容与练习题目。③智能学科工具使用。基于各类人工智能技术，如语音识别、手势识别、自然语言处理等，人们已经在智能学习过程支持系统中开发出了一系列可以辅助学生学习过程的智能学科工具。例如，运用计算机视觉技术，对自然界的植物进行图像识别，判断其种类，支持学生在生物学课堂上的自主探究性学习；运用自然语言处理技术，对中国古典文学语料进行加工处理，自动创作诗词，激发学生学习语文的兴趣。

（3）智能教育评价。教育评价是运用科学的方法与技术手段，对教育活动满足社会与个体需要的程度做出判断的活动。目前，智能教育评价有智能课堂评价、口语自动测评、心理健康监测和体质健康评价四个方面的典型应用。①智能课堂评价。计算机视觉技术可以通过学生面部表情识别其基本情绪，帮助教师及时了解学生的学习状态与专注程度，从而进行教学干预或调整自身教学策略。自然语言处理技术可以对学生的课堂作答情况进行及时标记与反馈，同时可以将相关信息反馈给任课教师，从而提高教学效率与效果。②口语自动测评。通过语音识别等自然语言处理技术，人们得以提取语音及语义层面的完整特征，并以专家评分为标准，通过机器学习技术训练自动评分模型，实现外语或普通话口语测试的自动评分。随着口语自动测评技术的逐步成熟，其在教学和测评中的应用不仅节省了大量人力资源，还较好地排除了个人的主观因素，提高了测评的客观性与可靠性。③心理健康监测。人工智能技术能够早期识别有潜在心理问题的学生并给出预警。基于社交网络数据中的用户语言、交互行为和情绪表达，人们可以建立相应的机器学习模型，用于分析未成年人的心理健康状态，并及时提示其心理健康问题和潜在的高风险行为。④体质健康评价。利用带有多种智能传感器的可穿戴设备，人们可以持续采集学生的体育运动和睡眠等数据，并在此基础上开展精准分析与评价。例如，教师在体育课上可采集学生运动过程中的加速度、心率与血氧等多维度数据，并结合相关分析模型，对学生的运动技能与体质状态进行准确评价。同时，通过分析一个较长时间周期内（如一个学期或学年）的学生群体数据，学校可对体育课程的开设效果进行评价。

（4）智能教师助理。智能教师助理一般指那些能够对教师日常的教学、教研、专业发展等进行辅助的人工智能应用。现阶段，智能教师助理主要有自动出题与批阅、课程辅导与答疑、智能教研等典型应用。①自动出题与批阅。在日常教学中，教师需要花费较大精力命制和批阅学生的作业与试题。基于知识图谱技术并通过构建启发式规则，人们已经开发出了自动出题与批阅系统。该系统能够自动生成针对同一知识点但具有多种变式的个性化试题。此外，利用自然语言处理技术开发的批阅系统，还可以对不同学科较为复杂的半开放性主观题自动评分并给出合理的反馈建议，大大减轻了教师课后批阅作业的工作强度与负担。②课程辅导与答疑。人工智能可以协助教师为学生提供定制化、个性化的课程指导与反馈意见。基于人工智能技术的智能导学系统，智能系统可以自动诊断学生对当前知识的掌握状态，并结合学科知识体系与结构信息，精准推荐微课、微测等相关课程资源。基于学生在学习过程中提出的问题，智能系统还可以利用知识图谱与自然语言处理等技术自动答疑，并通过不断采集相关信息，构建学生意图理解的答疑系统。③智能教研。教研是促进教师专业发展的重要手段。人工智能技术可以实现对教师教学过程的自动分析、教案的自动设计与生成等，为教师教研减负提质。例如，智能听评课系统可以记录教师授课的音视频，借助图像处理和语音识别技术，分析课堂互动情况并将其量化，用数据提升教研活动的效能。教师也可通过查看教学回放以及课堂互动情况的分析数据，更有针对性地开展教学反思，从而优化课堂教学质量。此外，教案自动设计与生成系统可以帮助教师分析教学情境，提取授课内容，分析教学对象，并从数据库中抽取相应的内容生成教案，供教师借鉴与使用。

（5）教育智能管理与服务。教育智能管理与服务指管理者通过组织协调教育系统的内部资源，充分利用智能关键技术和信息手段实现高效率、高水平的教育管理目标与教育公共服务。当前，教育智能管理与服务的典型应用包括辅助教育决策、促进教育公平、提供定制化教育服务等。①辅助教育决策。在宏观层面，国家教育主管部门及各地方教育主管部门可以采集并汇总各层级、多维度的教育数据，借助人工智能技术、数据分析及可视化方法，发现影响区域教育发展的显性与隐性关键问题，从而辅助决策与政策制定。②促进教育公平。借助人工智能技术，各地方教育主管部门可打破地区和学校之间在地理上的资源壁垒，在线流转优质师资，提供精准化资源供给等服务。例如，智能公共服务平台可以通过人工智能算法分析学生的优势和不足，并使用智能推荐技术为其匹配一对一线上辅导教师，展开“双师”教学，从而促进教育公平，加快教育供给侧结构性改革。③提供定制化教育服务。随着社会经济的快速发展，教育公共服务的需求越来越强调个性化与定制化。基于人工智能技术，教育主管部门能够采集海量学生多维度的过程性与测评性数据，包括学科核心素养类、领域知识类、心理认知类以及体质健康类数据。在此基础上，教育主管部门可构建个性化教育公共服务平台，为个体与群体学生提供学科能力与素养诊断、专业与职业发展规划等一系列智能化服务，帮助学生发现其个体问题与优势，从而建立教育公共服务新模式。

人工智能的各项关键技术在教育领域的应用日趋成熟，形成了一批典型的教学应用场景与模式，为教师与学生提供了有效的学习支撑、精准的学习内容以及多元化的教育服务。人工智能技术还可以帮助学生连接正式学习和非正式学习的环境，使他们更加高效地获取知识，获得及时的学业诊断和高质量的反馈指导。人工智能技术也可以将教师从烦琐的事务性工作中解放出来，减轻教师的工作负担。当然，我们也要认识到，人工智能技术在教育领域的应用仍处于起步阶段。例如，在学生意图理解、情感交互、自动批阅等方面还存在较多的技术瓶颈。现阶段，人工智能教育应用对学生综合能力发展等方面的关注也较少。随着人工智能技术的进步及其与教育融合程度的加深，我们相信在不远的将来，师生将开始运用人机结合的思维方式，实现与个人能力相匹配的个性化发展；教育管理者将更多地依据教育数据挖掘与分析的结果，进行教育管理、教育监测、教育决策等活动。最终，人工智能技术将助力教育实现核心素养导向的人才培养，迈向人机协作的高质量教育教学新时代。

第二章　数字教学资源理论探讨

数字教学资源是现代信息技术迅速发展而催生出来的新型教学资源，广大教师和学生都深切地感受到了数字教学资源的优越性和便捷性。但是，在数字教学资源建设和教学实践中，必须探讨与之相适应的内在规律，研究数字教学资源建设与应用的实施策略。

第一节　教育资源生态理论

一、泛生态链理论

泛生态链理论是在分析、总结生态学中的食物链理论的基础上提出来的。基础生态学是以自然生态系统为研究对象，总结出生态系统中以食物链的方式形成营养食性关系，并通过系统内多种食物链的纵横交错，形成食物网，构建生态系统所特有的营养结构。1984 年，我国著名生态学家马世骏先生提出了社会—经济—自然复合生态系统的概念，并认为社会—经济—自然复合生态系统是由自然子系统、社会子系统和经济子系统耦合所构成。

社会—经济—自然复合生态系统也称为泛生态系统（pan-ecosystem），其组成要素可以称为泛生态元（pan-eco-element）。在泛生态系统中，各泛生态元之间并不是孤立存在的，而是存在着相互影响、相互制约、相互关联、相互依存的关系。具体来说，这些泛生态元之间的关系大致可以分为三类：一是人与自然之间的促进、抑制、适应、修复关系；二是人对资源的开发、利用、储存、扬弃关系；三是人类生产、生活活动中的竞争、共生、隶属、乘补关系。那些具有相互关联、相互制约的泛生态元，根据生态学、系统论、经济学、社会学及其他科学原理所构成的链状序列，称为泛生态链（pan-ecochain）。在泛生态系统中，存在着多种多样的泛生态链，而这些相互关联、相互影响、相互制约的泛生态链纵横交错起来，就构成泛生态网（pan-ecoweb）。泛生态链、泛生态网是对食物链、食物网理论的拓展和推广。泛生态链理论不仅继承了食物链理论的精髓，具有更宽泛、更一般、更通用的含义，适用于任何社会—经济—自然复合生态系统。

（一）信息生态链

生态系统本身就存在信息流，任何一个信息过程都由信源（信息产生者）、信道（信息传递媒介）和信宿（信息受体）组成，生态系统中同时发生的多种信息过程交织在一起，形成生态系统的信息网。在泛生态系统中，由于介入了人类的影响，人工信息和自然信息交错发展，使信息总量、信息通道乃至信源和信宿都表现出更加明显的复杂性、多样性和高效性，从而引发出信息生态链（information ecochain）概念。信息生态链可以理解为泛生态系统中多种信息过程的链状序列。在泛生态系统中，不同主体既是前一个信息过程的信宿，接受前一信息过程的信息并形成反馈信息，同时又是下一个信息过程的信源，产生下一信息过程的信息并接受和响应下一信息过程的反馈信息（图 2–1）。

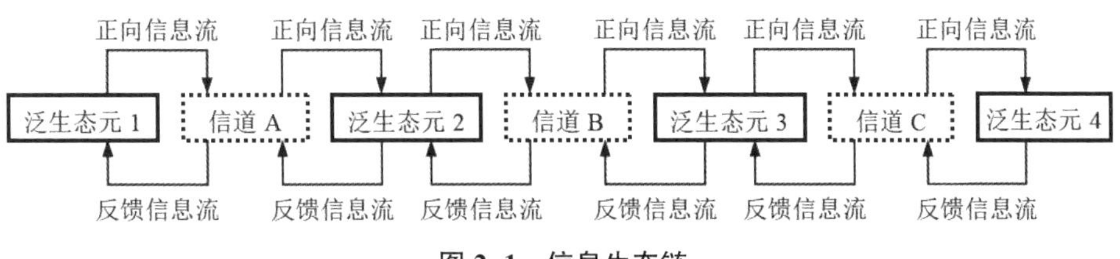

图 2–1　信息生态链

（1）信息生态链的基本特征。与生态系统中的信息过程比较，泛生态系统的信息生态链具有如下特征：①信息过程的复杂性。在泛生态系统中的任何一个泛生态元，既是下一个信息过程的信源，也是上一个信息过程的信宿，通过多样化的信息传播媒介，实现泛生态系统的各种信息过程链状联结，这种联结往往还表现出并非单向的链状序列，而是多种泛生态元之间的交错联结，从而使泛生态系统中的信息过程表现为极其复杂。②信息传递的高效性。泛生态系统继承了自然生态系统中的自然信息，同时增加了社会经济系统的各种人工信息，并通过自然传播媒介（空气、水、土壤等）和人工传播媒体（多媒体和信息技术的发展使人工媒体更加丰富），使信息在现实经济社会中起到了越来越重要的作用，当今世界因此而称为信息社会。③信息探测和感知技术迅速发展。以 3S 技术（遥感技术 RS、地理信息系统 GIS 和全球定位系统 GPS）和现代通信技术为代表的现代信息探测和感知技术不断发展，为人类探测和感知信息提供了强有力的工具，使人类的信息感知能力得到迅速延伸。④信息生态链影响的广泛性。信息生态链在泛生态系统中广泛存在，并对泛生态系统中的各种泛生态元发挥着重要作用，从而使信息生态链实现对泛生态系统组分、结构和功能的影响，并在调节和控制泛生态系统的结构和功能中发挥独特的作用。

（2）信息生态链的分类。广义生态学研究以人类为核心的生物群体与周围环境和社会发展的相互关系。在泛生态系统的信息流中，以人为核心的信息认识、信息传播、信息利用形成了多样化的信息生态链，这些信息生态链按照其信息认识、信息传播和信息利用的信息组织层次来分类，可以分为：①个体（自然人）信息生态链。无论是自然信息还是人工信息，也无论是知识信息、生活信息或生产信息，或者是表象信息、抽象信息和衍生信息，都可以形成以个体（自然人）为单位的信息认识、信息传播和信息利用过程，从而形成多样化的个体信息生态链。②部门信息生态链。部门是泛生态系统中的一种组织生态学分类单元，以部门为单位的群体信息认识、信息传播和信息利用过程，构成了一系列的部门信息生态链。③组织信息生态链。组织内的跨部门信息认识、信息传播和信息利用过程，形成了以组织为单位的信息生态链，这些信息生态链的作用，促进组织活动的有效化开展，并最终实现组织目标。④行业信息生态链。在现代经济社会中，行业是一种跨组织构成的松散型结构单元，行业内各组织或团体的相互联系、相互依赖、相互制约和相互影响，通过行业内多途径、多渠道的信息生态链来实现更大范围的信息认识、信息传播和信息利用。⑤区域信息生态链。社会—经济—自然生态复合系统的典型构成单元是区域经济，无论是行政区域、流域或其他自然地域，区域内的行业、组织、社区、团体、家庭等彼此之间都存在广泛的信息认识、信息传播、信息利用过程，这些过程都是以基于交流圈的多样化的信息生态链构成的，并最终形成区域信息网。⑥综合信息生态链。泛生态系统中的信息生态链，按信息分类学体系来划分，可以有许多种分类形式，但在泛生态系统中存在的信息链，往往不是单类信息的信息认识、信息传递、信息利用过程，而是多种信息在同一个信息生态链中相互交织，形成综合信息生态链，所以从某种意义上说，综合信息生态链是泛生态系统中信息生态链的基本存在形式。当然，综合信息生态链按照人类活动的主要目标，还可以分为知识信息生态链、生产信息生态链、生活信息生态链，或分为认知信息生态链、科技信息生态链和社会信息生态链。

（3）泛生态系统中的信息网。信息生态链是研究泛生态系统中信息流的一种基本研究方法，实际上，任何形式的泛生态系统中的信息流都是以信息网的形式出现的。泛生态系统中的信息网，可以理解为在某一时段内，某一具体的泛生态系统中，多途径、多渠道、多样化的信息生态链相互交织而构成的网络结构。泛生态系统的信息网反映其内在的信息联系方式、途径和结构，为了研究的方便和有效，可以按照不同的研究目的而研究其中的某些线性信息流过程，这是信息生态链理论的基本前提和方法论基础。

（二）教育生态链

教育生态链是教育生态系统内部关系的表达方式。教育是一个循序渐进、分阶段性的、完整的过程。因此，教育应当是一个严密的系统，一个符合人类智慧孕育、生长、发展生态规律的动态系统。在教育生态系统或学校生态系统中，教育生态链广泛存在。

（1）个体社会化过程的教育生态链。个体社会化是指个体在特定的社会情境中，通过自身与社会的双向互动，逐步形成社会心理定向和社会心理模式，学会履行其社会角色，由自然人转变为社会性的人并不断完善的长期发展过程。个体从自然人向社会人的转变过程，是一个从“不知”到“知”，从“知之不多”到“知之甚多”，从“不成熟”到“成熟”的社会生长过程，这个过程依赖一系列的教育活动或环节，这就构成了个体社会化过程的教育生态链。个体社会化过程包括家庭教育、学校教育、社会教育三个基本体系，从时序上来看，可以分为学前教育（托儿所、幼儿园）、初等教育（小学、初中）、中等教育（普通高中、职业中学）、高等教育（专科、本科、硕士研究生、博士研究生）、终身教育（在职学习、职场历练），对于某一个具体的个体来说，这个链状序列并不一定经历全部形式环节，而且家庭教育、学校教育、社会教育实际上是交织在一起共同起作用的，逐步形成和提高个体的职业能力和社会适应能力，最终以个体的社会成就和社会贡献体现成果。

（2）教育实施过程中的教育生态链。教育是在教育学理论和教育心理学理论指导下实施的个体社会化过程的定向控制系统，任何一个教育环节或一个教育过程，都是一种有序的链状结构，这就是教育实施过程中的教育生态链。这种教育实施过程中的教育生态链保证了知识的有效传播、能力的系统训练、技能的逐步提高。以本科高等教育为例，每个学校都开设了若干个专业，每个专业都预先制订了一个专业人才培养方案（或教学计划），专业人才培养方案对本专业四年的全学程教学活动进行了规划，这个规划就是一个典型的教育生态链，按学习的时间进程，四年八个学期都安排了相应的教育教学活动，这些教育教学活动的时间排列顺序，就是这个专业人才培养过程的教育生态链。

（3）基于教育实体的教育生态链。教育实体是指各级各类学校和人才培养机构。教育实体需要政府和社会提供教育教学资源和资金支持，同时为社会培养人才，存在与社会发生关系的生态链。同时，在教育实体内部，科层制管理体制构建了教育实体自身的组织生态链，教学计划的总体安排构成了教育实体特有的课程体系生态链，各类教育教学活动的有序安排构成了教育活动生态链，课堂教学的有序进行则构成课堂生态链。

（三）人才生态链

《国家中长期人才发展规划纲要（2010—2020）》将人才定义为：人才是指具有一定的专业知识或专门技能，进行创造性劳动并对社会作出贡献的人，是人力资源中能力和素质较高的劳动者。同时提出了到2020年我国人才发展的总体目标：培养和造就规模宏大、结构优化、布局合理、素质优良的人才队伍，确立国家人才竞争比较优势，进入世界人才强国行列，为在21世纪中叶基本实现社会主义现代化奠定人才基础。围绕这一目标，加强人才生态链方面的研究具有重要的现实意义。

所谓人才生态链，是指各类泛生态系统中以人才价值（知识、能力、专门技能、经验等）及其价值实现过程（创造性劳动的组织、实施和劳动成果）为纽带形成的具有工作衔接关系的人才梯队。人才价值是某个具体人才在人才生态链定位的基础和条件，具有丰富的知识、扎实的专门技能、突出的工作能力和丰富的工作经验，就会被安排在人才生态链的上游乃至顶端，而人才价值相对较低者则安排在人才生态链的下游或低端，在创性劳动项目中从事相对简单的工作。因此，合理的人才生态链结构应该是一种金字塔形结构。

（1）人才生态链中的马太效应。“马太效应”来源于圣经《新约·马太福音》中的一则寓言，1968年，美国科学史研究者罗伯特·莫顿（Robert K. Merton）首次用“马太效应”来描述社会心理现象：“对已有相当声誉的科学家做出的贡献给予的荣誉越来越多，而对于那些还没有出名的科学家则不肯承认他们的成绩。”简言之，马太效应就是任何个体、组织或地区，一旦在某一个方面（如金钱、名誉、社会地位、劳动成果等）获得成功和进步，就会产生一种积累优势，就会有更多的机会取得更大的成功和进步。在人才生态链中，已经获得成功的优秀人才往往能够获得更多的资源和机会，在更高层次的创新性劳动项目中获得更大的成功，从而使其成为上游人才和领军人物。

（2）人才集聚是人才生态链形成和发展的动力学机制。人才集聚是人才流动过程的一种特殊行为，是指人才由于受到某些因素影响，从各个不同的组织或区域流向某一特定组织或区域的过程。人才群体的集聚化成长，必须依靠良好的吸纳和培育机制，以最大限度地发挥人才群体的集聚效应。人才集聚的动力学机制具体表现在：①经济动因。在理性假设的前提下，利益必然是人才集聚的基本动力学因素，也是人才进一步发展的物质基础。②自我实现动因。马斯洛（Abraham H. Maslow，1908—1970）的需求层次理论认为，人在生理需要、安全需要、归属与爱的需要、尊重的需要得到基本满足以后，就会产生自我实现的需要，这是最高等级的需要，是一种创造的需要。有自我实现需要的人，往往会竭尽所能，使自己趋于完美，实现自己的理想和目标，获得成就感。人才在社会分层中处于较高层次，已得到了较好的社会认同，普遍存在自我实现需要，如果到能更好地自我实现、体现个人价值、创造更多社会价值的组织或区域工作，是具有很大的吸引力的。③集聚效应动因。人才聚集不仅有助于实现人才的自身价值，而且会产生集聚效应，如正反馈效应、引力场效应、群体效应和联动效应，这些集聚效应在实现群体高效益和高效率的前提下，使其中的个体也获得了更大的成功。④信任和权威动因。人才的创造性劳动是需要依赖现实环境支持的，如果感到进入一个新组织或地区能够受到更大的信任或能更好地体现其权威（人才价值的抽象体现），客观上会促进人才流动。

（3）人才生态链的运行机制。实践证明，人才生态链的运行总是以核心人才为种核，并显示出强烈的种核效应。创造性劳动中的领军人物或上游人才往往会对人才生态链产生强大的号召力、向心力和凝聚力，成为人才生态链发展的生长基点和凝聚核心，带动人才生态链的中游人才和下游人才团结协作，共同完成创造性工作，并形成高水平的创造性劳动成果，推动科技进步和社会经济发展。在人才生态链中，一定数量的中游人才和众多的下游人才通过共生协作和竞争成长，构成人才生态链的金字塔结构，并依托系统内部的人才集聚机制、人才激励机制、人才种核培育机制和创新性项目引进机制，有效地推进人才生态链的健康、可持续发展（图 2–2）。

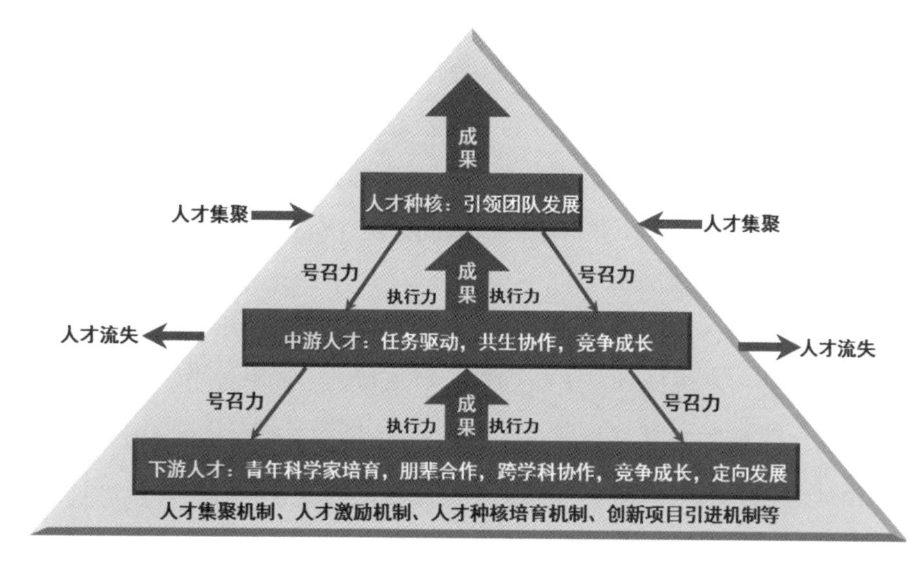

图 2–2　人才生态链的运行机制

二、教育生态位理论

教育生态位理论是在分析、总结基础生态学中的生态位理论的基础上提出来的。基础生态学以自然生态系统为研究对象，总结出生态系统中各种生物在长期适应自然环境的过程中，形成了特定的生态位，包括空间生态位、资源利用生态位、多维生态位。在各类教育生态系统中，同样存在生态位现象。

（一）基本教育生态位

个体社会化过程所必须经历的家庭教育、学校教育和社会教育，就是基本教育生态位。在这里，狭义的家庭教育是父母和其他家庭成员对家庭中的未成年人实施的教育，广义的家庭教育则是指共同生活的家庭成员彼此之间相互的影响和教育（可见广义的家庭教育是一种终身教育）。学校教育专指受教育者在各类学校内或教育机构中所接受的各种教育活动或系统训练，是教育制度重要组成部分。社会教育也有广义和狭义两种理解：广义的社会教育指一切影响个人身心发展的社会活动；狭义的社会教育则指学校教育以外的社区（或农村）一切文化教育设施对青少年、儿童和成人进行的各种教育活动。家庭教育、学校教育和社会教育虽然是人生发展过程中的三个基本教育生态位，但它们对个体社会化的作用是相互影响、相互制约、相互作用和相互依赖的，共同促进个体的身心发展。

（二）学校教育生态位

学校教育是个人一生中所受教育最重要组成部分，个人在学校里接受计划性的指导，系统地学习文化知识、科学技术、社会规范、道德准则和价值观念。学校教育从某种意义上讲，决定着个人社会化的水平和性质，是个体社会化的重要基地。知识经济时代要求社会尊师重教，学校教育越来越受到重视，在社会中起到举足轻重的作用。

学校教育中的教育生态位具体表现为学校生态位。学校教育包括学前教育、初等教育、中等教育和高等教育等阶段，这是根据受教育者的心理特征而设计的教育层次生态位。根据学校实体的层次关系，可以分为托儿所、幼儿园、小学、初中、高中（或职业中学）、大学，这是我国教育体系中的教育机构生态位。不同层次的学校教育或不同的教育机构，必须根据自己的生态位特征，科学组织和实施教育活动。

（三）教育活动生态位

教育活动有广义与狭义之分。广义的教育活动泛指影响人的身心发展的各种教育活动，包括家庭教育、学校教育和社会教育活动。狭义的教育活动则是指学校教育活动。学校教育活动是贯彻教育方针，围绕培养目标，遵循教育学和教育心理学规律，针对学生特点而设计的一系列教育教学环节。这一系列的教育教学环节，通常以教学计划或专业人才培养方案的形式，形成相对固定的总体方案，为实现培养目标提供基本依据。学校教育活动生态位，从学校教育的组织形式来看，有教学活动（军训、入学教育、毕业教育、专题讲座及一系列课程和实践教学环节）、课外活动（也称第二课堂活动）和社会实践活动，这是学校教育活动的形式生态位。从学校教育活动的实践主体来看，有管理者的活动、教师的活动、学生的活动，这是学校教育的主体生态位。从学校教育的内容来看，有课内外进行的德育、智育、体育、美育、劳动技术教育以及发展个性特长等各种教育活动，这是学校教育的内容生态位。

（四）课堂教学生态位

课堂教学是学校教育普遍使用的一种手段或形式，它是教师给学生传授知识、启迪思维、培养能力、训练技能的过程。课堂教学的组织形式主要是班级授课制（个别教学属于师徒制）。随着资本主义的发展和科学技术的进步，教育对象范围的扩大和教学内容的增加，需要有一种新的教学组织形式来实施学校教育。16 世纪，在西欧一些国家创办的古典中学里出现了班级教学的尝试。如法国的居耶讷中学分为十个年级，以十年级为最低年级，一年级为最高年级。在一年级以后，还附设二年制的大学预科。德国斯特拉斯堡的文科中学分为九个年级，还设一个预备级，为十年级。1632 年，捷克教育家夸美纽斯（Comenius Johann Amos，1592—1670）总结了前人和自己的实践经验，在其所著的《大教学论》中对班级授课制进行了系统论证，从而奠定了班级教学的理论基础。班级教学的主要优点：①把相同或相近年龄和知识程度的学生编为班级，使他们成为一个集体，可以相互促进和提高。②教师按固定的时间表同时对几十名学生进行教学，扩大了教育对象，提高了教育效率和教育受益面。③在教学内容和教学时间方面有统一的规定和要求，使教学能有计划、有组织地进行，有利于提高教学质量和发展教育事业。④各门学科轮流交替上课，既能扩大学生的知识领域，又可以提高学习兴趣和效果，减轻学习疲劳。但是，班级教学也存在着一定的局限性：主要是不能充分地适应学生的个别差异，照顾每个学生的兴趣、爱好和特长，难以充分兼顾优生和学困生的学习进程。

从实施过程来看，课堂教学主要包括教师讲解、学生练习、双边交流（教师设问与学生答问、学生提问与教师答疑）、学生互动等过程，这是课堂教学的过程生态位。教师讲解是课堂教学的主要形式，也是体现教师水平和技巧的重要途径；学生练习是实现学生加深知识理解、提高动手能力、训练综合素质的重要途径，在中小学阶段的学生练习主要通过实验课、课内作业和课外作业实现，中等职业教育和高等教育则通过实验、教学实习、生产实习、毕业实习、综合实习等形式完成，全面提高学生的实践能力和综合职业素质；双边交流是对班级授课制的创新性改革，通过师生互动交流，使教师更好地把握和控制教学过程；学生互动是班级教学过程中的辅助环节，对提高学生的表达能力、人际交流能力和沟通协调能力具有十分重要的意义，同时也是巩固教学效果的重要途径。

从学校教育的课堂教学组织实施情况来看，课堂教学是以各类学习活动为基本组织单元或形式，任何一个学习活动的操作过程，都包括教师备课、教师讲课、教师布置和批改作业（或操作训练）、课后辅导、考核等基本环节，这就是课堂教学的环节生态位。在这里，教师备课应该称为课前准备，或者说称为“教学设计”更为贴切，是课堂教学组织的重要前期工作。教师讲课是课堂教学的主体内容，面向对象（学生群体和特殊个体）的课堂教学是教师们终身探究的重大课题。对于中小学而言，作业布置和批改是教、学相长的重要过程；对于职业教育和高等教育，实践教学环节中学生的实际操作和技能训练更是培养综合职业能力的重要措施。课后辅导既包括师生的课后交流、个别辅导、重点辅导、针对性答疑，也包括对极端个体（优生、学困生等）的特别指导。准确地说，考核应该用“教学测量”来替代，既检验教师的教学效果，同时也检验学生的学习效果，是对某一个学习活动完成以后的实际效果综合检验。

站在学生的角度，课堂教学的学习心理过程体现为听、观、思、读、练（练习和表达）五个基本实践过程，这称为课堂教学的习得生态位。学习过程是一种激发个体内部潜能的过程，通过学习使知识、信息和体验内化为学习者的思维素材和实际能力，通过“听”来接受语音信息，学习前人的间接经验并内化整合进入自己的知识结构；通过“观”来体验教学素材（教师肢体语言和表情、多媒体课件、教具演示、演示性实验等）的内涵信息，并训练自己的观察能力、思维能力和想象能力；通过“思”来对感知信息进行综合分析和判断，训练自己的思维过程；通过“读”（朗读、阅读、泛读等）来广泛接受信息，拓展知识面，巩固学习效果；通过“练”来训练学习者的学习能力、表达能力、动手能力、实践能力和创新能力。

站在教师的角度，每一次课堂教学活动的组织，都包括课前准备（教学设计）、导入（引发主题）、主题探究（讲解和互动）、强化巩固（双边交流和练习）、总结拓展，这是课堂教学的单元生态位。教师在实施课堂教学时，必须分析学习者的知识背景和能力基础，认真进行教学设计，做好课前准备。实际授课时，恰当的导入是一个良好的开端，既能吸引学生的注意力，同时也使学习者明确本次课的学习目的，从而提高学习积极性。主题探究是教师授课的主体内容，某次授课可能存在多个并列主题，恰当的主题探究逻辑体系是教师讲解的基本要求，同时也是提高教学效果的有效途径，实现在课堂教学过程中对学习者的思维驾驶。强化巩固是针对教学内容的重点、难点而事先设计的双边交流和学生练习等环节，使学习者更好地掌握重要知识点和技能。总结拓展引发学习者的进一步思考和学习期望，激发学习者的求知欲，为其后续学习打下伏笔。教师完成的每一次课堂教学活动都是一个创造过程，提高教学效果是一个永无止境、永无至善的过程。

三、教学资源生态位

教学资源是为教学的有效开展提供的资料、素材、场景、器具等各种可被利用的条件，具有教学资源的现实场地或虚拟空间，都是实实在在的教学资源生态位。第一，各级各类学校或教育机构是教学资源集聚地，其教学资源具有多种形式的空闲生态位，具有巨大的开发空间；第二，互联网、移动互联网、物联网乃至泛在网络的迅速发展，展示了教学生态位的巨大开发空间。

（一）教学资源生态位的社会功能拓展

学校生态系统的教学资源方面存在多种形式的空闲生态位：

（1）我国学校实行年度二学期制度，全年 52 周中至少存在 10 周的寒、暑假，导致教育资源的利用时间仅 80% 左右，寒暑假期间，教室、实验室、运动场地与设施以及教师资源等，形成学校生态系统的最大空闲生态位，针对这类空闲生态位的社会功能拓展，有多种不同的做法，有些学校利用暑假的长假期开展面向社会的培训，提高资源利用率；有些学校利用暑假期间与本地旅游旺季相吻合的特征，利用学生宿舍资源接待旅客创收；有些学校利用假期闲置的教育教学资源对本校学生实行强化培训，拓展学生素质。

（2）学校的年岁节日和周末假日同样存在教育教学资源闲置的问题，形成学校生态系统的空闲生态位，对这类空闲生态位的利用，可以安排周末假日的定期或不定期的培训班，提高资源利用率。

（3）学校生态系统的教育教学资源存在功能组分冗余现象，即配备的教育教学资源在保证完成常规教学任务的前提下尚有余力，如高等学校或中等职业学校开设某个专业必须配备相应的实验实训设备设施，但一个或几个教学班在利用这些实验实训设备设施完成教学任务，还有大量的时间使这些资源闲置，这种教育教学资源的功能组分冗余，形成了学校教育资源多样化的空闲生态位，如何合理利用这些空闲生态位，具有很大的研究空间。目前，很多普通高等学校在完成全日制教学的同时，通过招收相关专业的自学考试学生，有效地提高了相关专业冗余的功能组分利用率。

教学资源空闲生态位的社会功能拓展，必须在保证学校生态系统的常规教育教学不受影响的前提下，科学开发空闲生态位的社会功能，对于不具备空闲生态位开发条件或有可能影响正常教育教学活动的开发活动，应形成政府及其教育行政部门以及社会各界的监督机制，避免影响正常教学秩序。

（二）泛在网络展示了教育生态位的巨大价值空间

计算机网络是指将地理位置不同的多台计算机及其外部设备，利用通信线路连接起来，实现资源共享和信息传递的计算机系统。互联网是指由若干计算机网络相互连接而成的网络系统，即若干个小网络互联成一个更大的网络系统。国际互联网是全球最大的计算机互联网，是全球信息资源总汇，也称因特网。移动互联网是将移动通信和互联网二者结合起来成为一体的现代通信技术。物联网是在互联网基础上的延伸和拓展，是物物相连的互联网。通俗地说，物联网将人、计算机、手机、传感器、控制设备等通过互联网和移动互联网组建成彼此相连的网络体系，实现物物相连、人物对话。

互联网和移动互联网的迅速发展，机器对话 M2M、传感网、物联网等技术创新成果，渗入到人类生产、生活的各个领域，人们已置身于无所不在的网络之中，体验着无所不含的信息服务和应用，这就是所谓泛在网络。泛在网络为我们提供“4A”化通信，即任何时间 Anytime、任何地点 Anywhere、任何人 Anyone、任何物 Anything 都能够顺畅地通信，泛化而进入到人类生活的方方面面（图 2–3）。在泛在网络时代，教育生态位展示了巨大价值空间：①专业化的网络教学平台。基于网络课程资源的网络教学平台，是主流专业化数字教学资源，为广大学子和公众提供丰富的数字教学资源和专业化的教学服务，体现着主流教学资源生态位的无限空间。②多样化的大数据平台。在大数据、云计算、物联网、人工智能迅速发展的当今世界，大数据平台不断涌现，为未来社会的智能化、标准化、自动化发展奠定了资源基础，同时也为学习者提供了特色化的数字教学资源。③基于人工智能的知识库平台。传统的图书情报系统或图书馆馆藏资源是财富，基于人工智能的知识库平台更展示了巨大的价值空间。

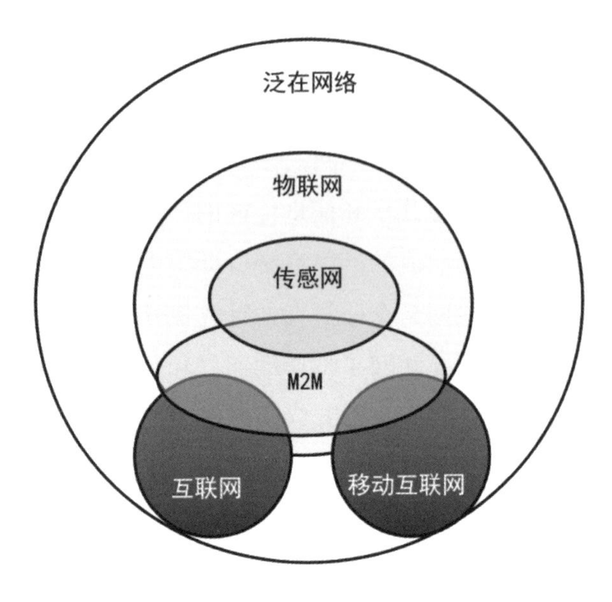

图 2-3 “4A”化泛在网络

第二节 数字教学资源组织理论

一、信息与数字信息

（一）信息

信息是指音讯、消息以及传媒系统传输和处理的对象，泛指人类社会传播的一切内容。信息有多种表达方式，文字符号、图形图像、音频视频、自然语言、机器代码等。通过获得、识别自然界和社会的不同信息来区别不同事物，得以认识和改造世界。在一切传媒、通信和控制系统中，信息是一种普遍联系的形式。1948 年，数学家香农在题为“通信的数学理论”的论文中指出：“信息是用来消除随机不定性的东西。”创建一切宇宙万物的最基本单位是信息。

（1）信息的种类。①物理信息。物理信息是以物理因素引起生物之间感应作用的一种信息。物理信息是一类范围广、作用大的信息。物理信息包括光信息、接触信息、声信息等。②化学信息。生物在其活动和代谢过程中可能分泌一些特殊的物质，经外分泌或挥发作用散发出来，通过介质传递而被其他生物所接受。具有信息作用的化学物质很多，主要是一些次生代谢物，如生物碱、萜类、黄酮类、非蛋白质的有毒氨基酸，以及各种苷类、芳香族化合物等。③营养信息。营养信息是由于外界营养物质数量和质量上的变化，通过生物感知，引起生物的生理代谢变化，并传递给其他个体或后代，以适应新的环境。④行为信息。同类生物相遇时，常常会出现有趣的行为信息传递。⑤社会经济信息。人类社会经济系统的信息种类十分丰富，包括自然生态系统物理信息、化学信息、营养信息、行为信息，同时也包括人类社会经济活动中的各种人工信息和资讯传播。

（2）信息过程。信息过程包括三个基本环节：信息的产生，或信息的发生源，称为信源；信息传递的媒介，称为信道；信息的接收，或信息的受体，称为信宿。多个信息过程交织相连就形成了系统的信息网，当信息在信息网中不断地被转换和传递时，就形成了系统的信息流。

（二）数字信息

数字信息是指计算机及计算机网络能够识别、处理和应用的由数字编码构成的信息表达形式。计算机数据是指能输入到计算机并被计算机识别和处理的信息。实际上，计算机处理和网络传输的数据始终是二进制代码，称为数字信息。客观世界呈现在人类面前的信息，表现为影像、声音、自然语言和实时过程，属于源信息。人类使用计算机时可以将这些信息输入到计算机，或采用各类信息采集设备获取信息，实际输入到计算机的信息具体表现为数值、字母、符号和图像、音频、视频等模拟量，它们被计算机软件转换为机器代码，所以计算机处理和网络传输的数据，实际上都是二进制代码（图 2–4）。

十进制数	0	1	2	3	4	5	6	7	8	9	10	11	12	13	14	15
二进制数	0000	0001	0010	0011	0100	0101	0110	0111	1000	1001	1010	1011	1100	1101	1110	1111
八进制数	0	1	2	3	4	5	6	7	10	11	12	13	14	15	16	17
十六进制数	0	1	2	3	4	5	6	7	8	9	A	B	C	D	E	F

图 2–4　二进制、八进制、十六进制数的对应关系

二、现代信息传播理论

信息传播是个人、组织和团体通过特定的信息传播媒介交流信息，向其他个人或团体传递信息、观念、态度或情意，以期发生相应变化的活动。信息传播包括信源、媒介或信道、信宿三要素。信源是指信息产生源或信息发布者，信源需要对信息内容利用编码器进行信息编码，形成文字、符号、图形、图像、音频、视频等形式的信息实体，再通过信道或媒介传播，在传播过程中可能受到噪声源产生的噪声干扰，经过信道或媒介传播的信息实体，最终被信宿接受。信宿是指信息的受体或受众，信宿对通过信息实体需要通过译码器译码，以正确理解信息内容（图 2–5）。

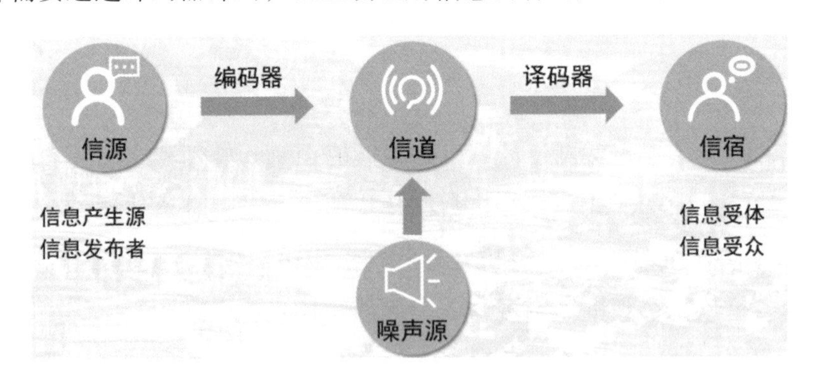

图 2–5　信息传播过程

（一）受众中心论

（1）受众及其基本特征。受众泛指信息传播过程的信息接收对象。信息传播过程中的受众具有三个基本特征：第一，广泛性。大众传媒是面向

全社会开放的，理论上说所有社会成员都是大众传媒现实或潜在的受众，无论种族、性别、年龄、职业。受众的广泛性也使受众超越了地域的间隔，在相同或相近的时间里，聚合而为传媒信息的接受者。第二，混杂性。正因为受众的广泛性，同时也造就了受众群体成员的混杂性特征。他们在同为传媒受众这一点上是同一的，但他们彼此之间却又同时存在着许多明显的个体差异，如身份、地位的悬殊，贫富的差别，文化教育程度、价值观念的不同等，可谓千差万别。第三，隐蔽性。尽管分散的受众成员有时也采用各种形式直接、间接参与信息传播过程，如加入受众参与节目，来信、来电反映意见和要求，或参与、接受媒体组织的受众调查等，但在总体上，受众对于新闻媒介来说，是不见面的，是一种笼统的、隐蔽的存在。

（2）受众心理特征。把握受众心理是传播学的关键和核心，通常受众接受媒体传播的信息，一般出于：第一，认知心理，增加知识和见识，拓宽视野。第二，好奇心理，大众传媒要注意满足受众的窥私欲。第三，从众心理，受众具有时代趋同性和话题趋同性心理，通过接收传播信息以利于自己在人际交流中具有更多的话语权。第四，表现心理，一方面希望自己在接受了更多信息以后在自己的交流圈里有更好的表现，另一方面也具有在参与或模拟参与过程中表现自己的能力和实力的欲望。第五，移情心理，受众可能将自己的心理过程或经历与传播信息中的过程或故事进行对照比较形成心理移情，也可能基于自己的喜好而移情于传播信息的内容之中。第六，攻击心理，具有批评精神的受众或挑剔者，可能以在传播信息中寻找攻击目标或攻击对象为乐。

（3）受众中心论。受众中心论是指在传播系统的诸要素（包括传者、传播内容、受众、反馈、效果、环境等）中，传播的一切活动都必须以受众为中心，传播系统的其他要素都是围绕受众而开展。受众中心论的实质，就是传播活动要以满足受众需要作为出发点和落脚点。20 世纪 90 年代，市场经济体制逐步建立以后，受众中心论正式被新闻理论界提出，并引起争议，然而受众中心论仍然被大多数学者所认可，并与市场中的大众媒介互为指导。1982年，中国社会科学院新闻研究所和首都新闻学会调查组共同发起的北京地区读者、观众、听众调查，是我国进行的第一次大规模的受众调查。这次调查规模大、统计规范、权威性强，调查结果发表后在国内外引起很大反响，使得受众观念、理论得以建立并强化，受众研究组织相继问世。“受众”这一概念从此深为广大新闻媒介从业人员所接受，而与受众相关的概念是广告市场、发行量大小、收视率高低、潜在的读者市场等概念。1986年，中国人民大学舆论研究所成立，标志着我国的受众的研究有了专门的组织。20多年来，许多报刊、广播电台、电视台都开展了不同规模的受众调查，1995年后，社会上的调查公司渐渐多了起来，受众调查的深度、广度都有所突破。根据受众的反馈，媒体不断寻求新的报道方式和手段，以满足受众多种层次的需求。

（二）传播动力学理论

传播动力学理论主要有德弗勒模式和波纹中心模式。德弗勒模式关注大众传媒的传播过程，强调信息传播的双向性和复杂性，从信息源通过传送器和信道实现信息传播，再依赖接收器将信息传播到目的地，其间受到噪声干扰。现代信息传播是一个高效运作的网络体系，多样化、多途径的信息传播，使信息传播交织运行并彼此干扰，构成了信息传播的复杂性（图2–6）。

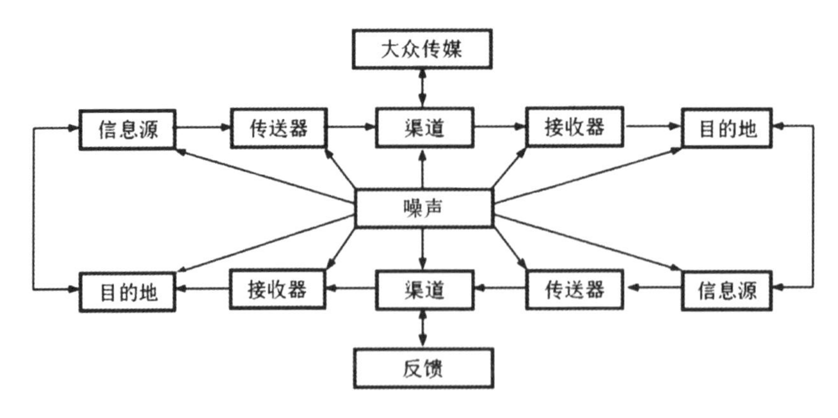

图2–6　德弗勒模式

波纹中心模式认为，传者的信息源以代码方式发出，经过政府相关职能部门把关，利用媒介、调节器、过滤器将信息传播到受众，其间存在媒介放大和信息反馈过程，也存在讯息曲解和噪声干扰，形成类似于投石激起平静水面波纹的传播效果，传播距离越远，信号衰减越多，传播效果受到限制（图 2–7）。

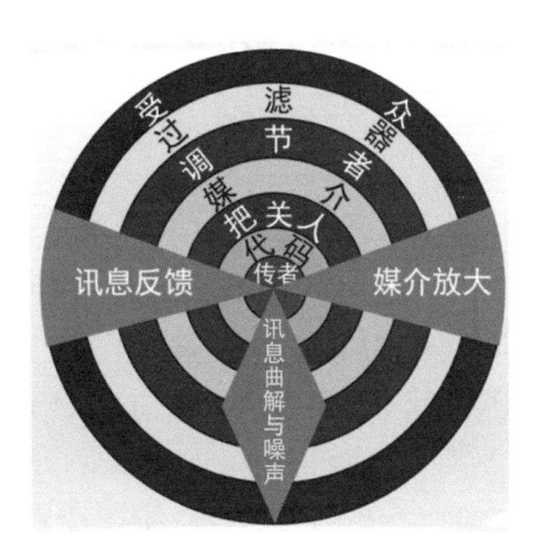

图 2–7　波纹中心模式

（三）群体动力学理论及其传播策略

（1）群体动力学理论。群体动力学主要研究群体的凝聚力（如决定群体凝聚力强弱的因素），群体压力和社会规范（如从众现象等），群体目标（如群体目标的有无对群体性能的影响）和成员的动机作用（如竞争与合作），群体的结构特性（如交往结构、势力结构等）等。群体动力学是指任何个体在群体中，只要有别人在场，一个人的思想行为就同他单独一个人时有所不同，会受到其他人的影响，研究群体这种影响作用的理论，就是群体动力学理论。勒温是最早研究群体动力学的学者之一，他认为个体的行为是由个性特征和场（指环境的影响）相互作用的结果，并将其研究结果概括为“场论”。

（2）基于群体动力学理论的传播策略。①群体动力学传播理论认为，个人的思想行为会受到他人的影响。对于乡村旅游的潜在消费者而言，如果群体中有人宣传某个休闲农庄，就有可能将其潜在消费变成现实消费。②群体动力学传播理论依赖于群体中某些个体的言论、行为和宣传，所以休闲农庄经营者要充分重视对乡村旅游消费者的优质服务，使现在的乡村旅游消费者成为其后的品牌传播者，使他们在不同的群体动力场中发挥作用。③重视群体动力学中的“口碑”效应，强调消费者之间的自发宣传和传播，这种自发宣传是发自内心的认可。

（四）创新扩散理论

创新扩散理论是描述新技术推广扩散过程的理论支撑。在新技术传播和社会应用过程中，一般只有少数创新者能够接纳新技术并成为该项技术的榜样示范，他们成为该技术的最大受益者；在创新者的带动下，一些早期采用者及时跟进应用新技术，形成技术推广的引领作用。在创新者和早期采用者的带动下，早期采用者具有一定群体规模，从而使技术经济效益得到较全面的发挥。后期跟进者和滞后者则只能享受常规技术经济效果（图2–8）。

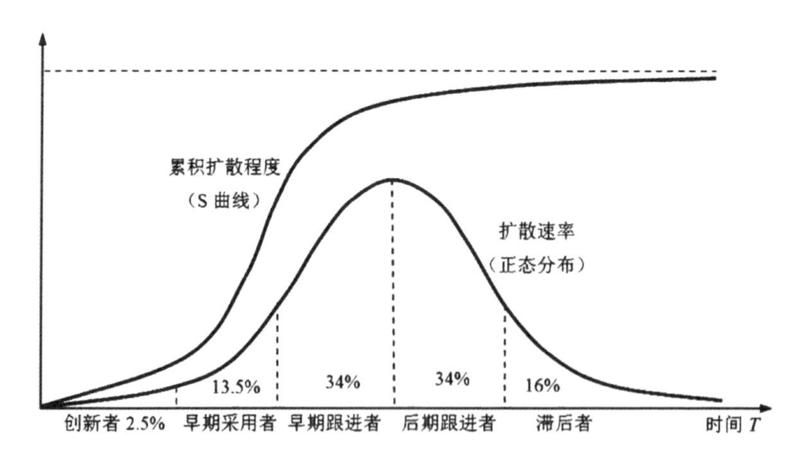

图 2–8　创新扩散理论模型

三、信息资源组织理论

（一）数字信息资源管理与自组织理论

系统科学的自组织理论开辟了研究复杂问题的新路径，它的诞生、发展和成熟，为研究自然界和人类社会中 存在的各种开放系统的发展提供了理论基石。以自组织理论为依据研究数字信息资源管理，建立数字信息资源管理自组织演化的发展观，确定数字信息资源管理的耗散结构形成的条件、演化的内在机制，在实践中遵循数字信息资源管理的自组织演化规律，有助于数字信息资源的成功管理。

（二）数字信息资源管理的自组织演化过程

从系统科学的视角审视数字信息资源管理，数字信息资源管理是一个自组织的社会子系统。那么，数字信息资源管理的自组织演化过程是什么呢？根据自组织理论，数字信息资源管理是从一个平衡态走向另一个平衡态的无重复循环的动态演化过程。

用户信息环境、技术环境、信息环境、社会文化环境和政策法律环境是数字信息资源管理的 5 种主要的外部环境，数字信息资源管理时刻与其进行物质、能量和信息的交换。从自组织的观点看，数字信息资源管理形成耗散结构，与它的外部环境进行交换时，通过内部机制随时响应环境变化，系统结构及功能对环境变化具有特有的适应性和灵活性。数字信息资源管理占据在动态演化过程中特定的“生态位”上。环境的每一次变化，数字信息资源管理结构与功能就会随之发生变化，从一个生态位跳跃到与环境相对应的新的生态位，表现出数字信息资源管理的动态有序。在进行数字信息资源管理时，必须遵循自组织规律，尽可能创造数字信息资源管理自组织演化的条件，促进系统内部元素的竞争与协作，推动系统自主演化，从而促使数字信息资源管理整体水平的不断提高，系统才能不断地从低序向高序方向演化，更好地满足国家社会的需求。

数字信息资源管理随着时空的变化，不断与周围环境进行物质、能量和信息交换。根据自组织理论，它在发生这种演化时是采取相变方式的。相变的形式有两种：一是经过临界点的性质突变的相变，其特点在于经过临界点时系统的性质发生突变；二是在临界点以下的状态渐变的相变，其特点在于系统在临界点以下状态便开始改变，但系统状态的改变却是一个渐进的过程，因而又称为渐变式相变，并且在相变发生前后系统的性质并不发生突变。数字信息资源管理在演化过程中，不断地进行着两种相变过程。突变式相变表现为数字信息资源管理整体功能或性能的一次大的改变；渐进式相变则是在数字信息资源管理内的子系统的功能、性能的改进和更新。

根据相变过程是否需要外流维持，相变类型可划分为平衡相变和非平衡相变。数字信息资源管理一直都是非平衡相变过程。数字信息资源管理随着环境的改变，进入与环境相对应的“生态位”时，这种有序结构的形成需要一定的外流来维持，因此数字信息资源管理是一种非平衡相变过程。总之，数字信息资源管理的演化过程是结合了渐变和突变两种相变形式的非平衡相变的演化过程。

（三）数字信息资源管理自组织演化

在进行数字信息资源管理时，怎样才有利于它的自组织演化呢？利用普里高津的“耗散结构理论”和哈肯的“协同论”对比进行分析。耗散结构理论是化学家普里高津于 1977 年提出的，该理论明确了系统形成自组织演化的条件；与此同时期的哈肯提出的协同论阐述了系统自组织演化的内在机制。

（1）数字信息资源管理自组织演化的条件。形成数字信息资源管理耗散结构是该系统实现自组织演化的基本条件。耗散结构是指在开放和远离平衡态的条件下，在与外界环境交换物质和能量的过程中，通过能量耗散和系统内部的非线性动力学机制而形成和维持宏观有序结构。系统的耗散结构是无法通过人工方式创造的，但是通过创造耗散结构产生的条件，促使耗散结构产生却是可能的。研究耗散结构形成的条件，对于促使数字信息资源管理形成耗散结构具有重要意义。耗散结构的形成必须具备 4 个条件：系统开放、远离平衡态、非线性作用和涨落。

（2）数字信息资源管理的自组织演化的内在机制。根据哈肯的协同论，自组织系统演化的动力来自系统内部的两种相互作用：竞争与协同。它们共同决定系统的命运，共同承担着系统演化的任务。子系统的竞争使系统趋于非平衡，而这正是系统自组织的重要条件；子系统之间的协同则在非平衡条件下使子系统某些运动趋势联合起来并加以放大，从而使之占据优势地位，支配系统整体的演化。竞争与协同产生的内在原因是系统要素之间的相互作用，竞争与协同是系统要素相互作用的表现与结果。数字信息资源管理是一个包含了多个子系统的社会系统，由于其内部元素发展的不平衡性，决定了它们之间不可避免地存在着竞争与协同作用。竞争不仅体现在构成数字信息资源管理的理念、工具、技术等因素之间，还体现在内部人员之间。数字信息资源管理内部诸要素的协同作用主要体现在内部支持人员之间、系统的支撑设备之间，以及数字信息资源管理的理论与技术之间。在系统内部支持人员之间，人员角色和职责的划分决定了为了完成一项任务必须进行协同作业才能实现，比如数字信息资源的管理人员之间的有机协作，数字信息资源管理研究的学者和研究人员之间的相互合作和切磋。系统支撑设备内部也根据自己的功能相互协作，比如计算机硬件设备和软件设备的紧密合作，以支撑数字信息资源管理系统的正常运行。而数字信息资源管理的理论与技术，多种理论和技术在数字信息资源管理系统内发挥不同的逻辑功能、扮演不同的角色，共同实现系统的整体功能。另外，当代数字信息资源管理内部人机之间的协作体现得更为明显。竞争与协同对于数字信息资源自组织演化具有同样重要的作用，竞争导致了系统内新思想、新方法和新技术的形成，防止系统进入平衡态，推动系统内新结构的产生，最终促进系统动态有序。而协同则能够保证产生的新结构稳定下来，防止过度竞争导致的系统无序状态的产生，使得系统演化的方向 得以明确。因此，完善数字信息资源管理内部的竞争与协同机制是保证系统自组织演化顺利进行的关键。

第三节　数字教学资源传播理论

一、数字教学资源评价

（一）建构主义理论对多媒体课件的要求

早期的多媒体课件称为计算机辅助教学（Computer Assisted Instruction, CAI）软件，那时受传统教学的影响，多媒体课件的作用是辅助教师的教学，课堂教学中还是以教师为中心，学生是知识的被动接受者，通过课件的单感觉通道刺激，不考虑学生的认知主体作用，导致学生接受的知识过于脆弱，无法在需要的时候加以应用，教学过程中很少给学生独立思考和相互讨论的空间，学生无法体验获得知识的过程，只是机械地接受零碎的、孤立的知识，无法在新的或类似的情境中迁移应用，知识也很难上升到能力的层次。由于不少的计算机辅助教学课件是教材的电子化、现成知识的堆积，学生在学习中只是被动地接受现成的结论，而缺乏对问题的分析，缺乏自己的见解。在这种教学中，学生的思维能力得不到很好的发展，批判性和独立性受到压制，求知欲也被消磨在机械、枯燥的学习活动中。

为发挥学生在学习中的积极性、自主性和创造性，建构主义学习理论主张以学生为中心，强调学生是信息加工的主体，是知识意义的主动建构者；认为知识不是由教师灌输的，而是由学习者在一定的情境下通过协作、讨论、交流、互相帮助（包括教师提供的指导与帮助），并借助必要的信息资源主动建构，以训练学生的高层次技能（如问题解决法、推理能力、信息反馈等），使学生学会如何学习，对学习结果进行开放式评价，学会合作学习等。所以建构主义认为大多数的学习是依赖于具体的真实情境，认知经历置于真实的学习活动中。

从建构主义学习理论的观点看，计算机辅助教学注重的是如何利用多媒体课件提供尽可能多的教学资源和素材，让学生从中获得知识，所以计算机辅助教学主要扮演的是媒体的角色，发挥的是媒体的功能，体现的是媒体的特征，并没有引起真正意义上的教学模式、学习方式的改变。

为了从真正意义上改变教学模式与学习模式，多媒体课件的目标不是体现课件本身（如仅考虑感官、视觉等），最根本的目标及最根本的衡量标准，是改善学生的学习，变被动为主动，贯彻课程目标，达到课程预期效果，促进学生的发展。所以，依据建构主义学习理论，多媒体课件必须做到：①为学生的学习创设“情境”。多媒体课件（如多媒体技术、网络技术、视频点播技术、虚拟仿真技术等）正好是创设真实或仿真情境的最有效的工具,能产生身临其境的逼真效果。②为学生创设“协作”与“会话”的环境。多媒体课件（如多媒体课件和网络技术）能突破时间和空间的限制，实现面对面或基于网络的合作交流。③为学生创设“意义建构”环境。多媒体课件（如多媒体技术和网络技术）由于能提供界面友好、形象直观的交互式学习环境，有利于学生的主动探索、主动发现，有利于学生更多更好地获取关于客观事物规律与内在联系的知识，各种学科知识按照超文本方式组织与管理，有利于发展联想思维和建立新旧概念之间的联系，有利于学生认知结构的形成与发展，从而帮助学生实现对所学知识的意义建构。

（二）维果斯基的“最邻近发展区”理论对多媒体课件的要求

维果斯基在心理发展上强调社会文化历史的作用，特别是强调活动和社会交往在人的高级心理机能发展中的突出作用。他认为，高级的心理机能来源于外部动作的内化，这种内化不仅通过教学，也通过日常生活、游戏和劳动等来实现。内在的智力动作也外化为实际动作，是主观见之于客观，内化和外化的桥梁便是人的活动。

维果斯基的“最邻近发展区”的理论指出，在人类智力活动中，对于所要解决的问题和原有能力之间可能存在差异，通过教学，学习者在教师帮助下可以消除这种差异，这种差异就是“最邻近发展区”。换句话说，最邻近发展区定义为，学习者独立解决问题时的实际发展水平（第一个发展水平）和教师指导下解决问题时的潜在发展水平（第二个发展水平）之间的距离。可见学习者的第一个发展水平与第二个发展水平之间的状态是由教学决定的，即教学可以创造最邻近发展区，因此教学绝不是消极地适应学习者智力发展的已有水平，而应当走在发展的前面，不断地把学习者的智力从一个水平引导到另一个更高的水平。

按照维果斯基的“最邻近发展区”理论，多媒体课件的设计必须体现分层次性，必须针对不同的学生的学习水平设计不同的多媒体课件，达到所有的学生都能够得到最充分的发展目标。研究表明，自主学习水平低的学生，他们的学习缺乏主动性，做事小心翼翼，只能按照教师的要求完成简单的任务，完成过程大多是模仿性的，基本没有交互性，问题比较机械，一般只需答案，获得的知识结构由别人（教师）决定。自主学习水平一般的学生，学习有一定的主动性，但需取决于学习的内容和环境；有一定的学习能力，能完成较复杂的任务，有初步的交互能力，但问题不深入，他们的学习目标只是为了完成任务，他们获得的是一般的知识结构，但自己没有能力再组织。自主学习水平高的学生，对学习具有很强的主动性、有很高的热情，思考问题完整、具有很强的探索能力，能完成复杂的任务，有很强的交互能力，研究的问题和完成的结果具有很高的价值，可以自由组织自己的知识结构。所以，在设计多媒体课件时，对自主学习水平低的学生，可以设计简单、功能单一的用户界面；需要大量的例子说明，简单的、结构良好的线性环境有助于他们完成简单的任务，他们的学习、思维是线性的。自主学习水平一般的学生，可以设计适中的用户界面；需要一些例子说明，较为复杂的、结构半良好和半线性的（有帮助系统的、交互功能的）环境可以帮助他们学习。自主学习水平高的学生，可以设计复杂的、功能多的用户界面；只需要一个例子即可，结构松散的（但有顾问）、非线性的环境便可学习，他们可以完成具有挑战性的、复杂的、探索性的任务，实现自主学习。

（三）教学设计理论对多媒体课件的要求

教学设计是连接教学理论、学习理论、教学实践的桥梁，所谓教学设计（Instructional Design，ID）就是利用传播理论、教学理论、系统论和学习理论，把教学原理转换成教学材料和教学活动计划的系统过程，是指为了达到预期教学目标而运用系统观点和方法，遵循教学过程基本规律，对教学活动进行系统计划的过程,是教什么（课程和内容等）与怎么教（组织、方法、策略、手段及其他传媒工具的使用等）的过程。

教学设计思想要求多媒体课件能提高课堂教学质量，对使得教学效果达到最优化具有重要的价值；课件内容的选取必须符合学生的最邻近发展区；课件所采用的教学方法必须符合学生对重点和难点内容的掌握而不是书本知识的电子化；媒体的选择必须有利于学生对所学知识的意义建构等，设计符合教学设计思想的多媒体课件，能使课件的设计更加科学，在应用中能取得更好的效果。

二、网络课程生命周期

网络课程也是一种信息，它需要在网络存储环境中得到及时的处理、管理和保护。一般来说，一门网络课程的生命周期可以分为六个基本阶段：①课程创建阶段。网络课程创建阶段，也就是提供数据创建的时间及数据和信息服务的等级，同时提供相应的信息产生、存储、管理等条件，以保障信息的及时供应。②课程保护阶段。网络课程建成后，要及时采用不同的数据保护措施和技术，防止数据受到无意或者有意地破坏，以保证各类数据和信息能够得到及时有效的保护，如备份技术、远程复制技术和其他数据保护技术等。③课程访问阶段。网络课程建设就是为了资源共享，因此信息必须便于访问，必须支持多种业务流程，最好可在某组织结构的多个业务环节和业务应用之间共享，以提供最大限度的价值。④课程迁移阶段。网络课程建设一个阶段后要进行数据迁移，就是将数据从一个管理设备转移到另一个管理设备，将相关历史数据进行清洗、转换，并装载到新系统中，而且不影响系统正常运行的过程。⑤课程归档阶段。如果大部分课程信息在使用过程中基本上不再做任何更改，需要长时间保存，则进入课程信息归档阶段。归档是长期存储原始文档，它能检索或管理信息，并保卫系统信息，是对历史信息的保存维持，它可以有效防止这些课程内容被无意破坏。⑥课程回收阶段。如果网络课程在一段时期后，失去了再继续保存的价值，这时要对没有保留或保存必要的课程进行销毁或回收。被销毁或回收的课程将从数据仓库系统中清除。

三、网络教学互动机制

目前，对在线学习环境中的互动研究较多，主要集中在对互动的形式、互动的结构和影响活动的因素等方面进行了研究。与传统的学习环境中的互动不同，在线学习环境为师生之间的互动提供了更为丰富的交流环境和更多的沟通机会。在线学习环境改变了师生在传统课堂中的互动模式，为师生塑造了新的互动角色。师生可以互换角色进行交流学习。互动的形式也随之发生了改变，呈现出多对多、多对一、一对多、一对一，以及自我互动的多元化的互动态势。互动主要以学术互动、协作互动、社会互动、教学互动的形式展开。从结构上看，Yacci 认为在线学习中的互动包括四个方面，即信息圃、互动圃、学习内容和情感获得圃以及信息共享和传递圃。Yacci 的观点为教师设计和管理网络课程起了一定的积极作用。Bannan-Ritland 于 2002 年提出了一个比较受大家认可的观点，他认为互动包括：①学习者的参与度或积极的沉浸度。②互动的特殊模式和数量。③教师活动和反馈。④教学活动与技术支持。Bannan-Ritland 的观点完整地概括了在线学习互动是一种供大家分享的、有吸引力的、教学的、管理的、协作的、社会的、基于技术的学习过程。

在教育学理念下的互动多指教学互动，即在教学过程中师生之间、生生之间或师生群体之间发生的交互行为动作或响应过程。教育社会学家吴康宁先生对英国学者布莱克来吉的师生互动模式进行了修改，认为师生互动过程分为四个分支过程，及教师对互动情境的界定过程；学生对互动情境的界定过程、教师与学生的碰撞过程以及教师与学生的调整过程。Merrill 认为学习中的互动是教学系统与学习者之间实时的、动态的、相互的给予和提取的过程。课程的实施过程是一个互动调适的过程，课程的设计者与实施者之间要保持沟通、建立反馈、交流的渠道以使双方能经常性地交流。

网络环境下的教学互动，不仅仅是作为主体的师与生之间单一的交互关系。因为在网络人际互动的制约和影响下的网络教学主体关系实际上是一种四维交互关系，分别为教育者与受教育者、教育者之间、受教育者之间的关系以及网络媒介把关人的关系。由此可见，基于慕课平台教学，主体间的交互则是师师、师生、生生等多向互动交往关系。实现师生、生生之间的相互协作和互动，努力营造并形成良好的教学互动氛围。

（一）网络教学的互动教学模式

互动式教学是通过营造多边互动的教学环境，在教、学双方平等交流探讨的过程中，达到不同观点碰撞交融，进而激发教学双方的主动性和探索性，达成提高教学效果的一种教学方式。在高职院校公选课中开展基于移动平台的互动式教学是以主题探讨式互动为主，融合课堂教学与微课教学，利用信息化手段和移动网络平台传播广泛性、趣味性、科普性知识的新型模式。

（二）网络教学的互动执行手段

随着信息技术的发展，网络技术、移动网络技术和多媒体的迅速发展已然不受时空的限制，由此随之而生的教育教学平台的开发与使用得到了迅速的发展，这在大环境下促进了交互执行手段的多样性与亲和性。具体体现为：①即时通信软件的采用。即课堂 APP，基于智能手机媒介，学生易接受，普及迅速。该通信软件既能够即时获得信息和发送信息，又容易推广至课堂的辅助技术手段。②电子邮箱的辅助。电子邮箱的主要作用是学生发邮件给教师，教师在适当的时候回复。作为一种历史悠久的信息技术传播方式，电子邮件的优点是覆盖面广，容易开展应用，不必实时在线，信息保留完整，有据可循。③搭建留言板。介于论坛进行教学信息的沟通，这种方式需要设置专用服务器或购买服务平台，以便搭建动态留言板和论坛应用于教学。相对于其他方法来说，这种方法比较适用于大量资源的浏览和管理，信息容量大，信息组织、展示的方式较为灵活。④应用博客。博客是一种个人信息发布平台，特别适合教师创建展示自我的窗口。虽然随着新型网络媒体的介入，博客的热度有所变冷，但在教学过程中，教师可以适度采用，将讲义、教学心得整理发布于博客。学生记下博客网址后，浏览教师博客，并可在上面发布留言，教师可以回复留言，从而达到教学沟通的目的。⑤微博、微信等社交平台。迎合了移动互联网络的发展方向，使得信息的传播变得精准而有效，吸引了大量用户。特别是基于微信的群模式聊天场景，在高等学校，学生已然是这类平台的活跃用户群体，浏览、点赞、刷“朋友圈”成为学生相互之间每天必做的“功课”，因此将这类手段应用于教学较为新颖，具有一定群众与时代基础。总体来讲，现代信息技术蓬勃发展，网络环境不断完善，教师和学生的信息化操作水平越来越高，高校教师必须与时俱进，改变传统教学方式，提升现代教育技术应用水平。

（三）网络教学的互动执行途径

网络教学的互动途径：①教师可在正式开课之前，利用网络平台发布课程简介与开课公告，让学生了解教学重点与相关注意事项。②网络课程进行期间，学生能够通过电子教案、教学视频、微课资源、扩展资源库等，时刻了解教学进度，便于学生做好课前预习。③在教学进行中，教师与学生同步在线，学生可将自己通过课前预习总结出的问题提出，而教师则会对一些普遍存在的问题进行统一解答，提升教学效率。④课后，教师会通过网络平台发布每节课的作业，学生提交作业内容之后，教师在线批阅，能够提升师生互动效率。

四、研讨式教学与网络平台

目前，高校在培养创新型人才方面仍然存在着诸多缺陷，其中一个主要原因在于我国大部分高校在进行教学的过程中，常常采用传统的填鸭式教学模式，培养的是知识型人才，很难培养出创新型人才。为此，在高校教育教学改革的过程中，教师采纳了很多新的方法，也分享了不少成功的经验，其中最具代表性的便是研讨式教学。虽然这是一种与演讲式相对立的教学模式，但许多教师会在这两种教学模式之间灵活进行切换，向学生抛出各种有价值的问题，为他们的交流合作、自主思考提供有利条件，使学生获得更多的思考与讨论机会。随着互联网技术的提升和计算机的普及，海量的信息得以在网上快速传播，越来越多的学生倾向于从网上寻找学习资源。在这种情形下，许多网络教学平台系统出现在公众视野中。与传统课堂教学相比，无论是在时间还是在空间上，网络教学平台都有绝对的优势。传统课堂教学一般要求是“定时定点”的教学模式，而网络教学平台强调的却是“随时随地”的教学模式，这不仅可以充分地利用教学资源，还可以在很大程度上提高学生学习的自主性与积极性。

（一）研讨式教学方式

在传统的教学方式基础上，结合网络教学平台系统，以理论教学为依托，以课程设计为载体，开发出针对理论教学与课程设计相结合的研讨式教学系统。该方法的最大优势就是将先进的网络信息技术贯穿于教学活动中，构建起全新的课堂教学模式，最大化提高教学资源利用率，使师生关系发生实质性的改变，提升本科生的思维开发能力，切实有效地提高计算机专业学生的实践与创新能力，培养更多的高质量创新型计算机人才。

由于信息时代的来临，互联网技术也逐渐为人们所接受和喜欢，网络教学平台系统的出现也在很大程度上影响了当今的教育模式。网络教学平台是从不同角度对之前的教学系统表示支持，使教学系统内容更加全面，包括教学组织、师生互动、学习评价、课件发布等，除此以外，还会对整个教学活动的组织进行管理，包括课程管理与用户管理两方面的内容。与此同时，还使管理系统与网络资源得到融合，构建起更为完善的教学系统，对网上教学提供了环境支持。相较于传统教学模式，网络教学平台系统在许多方面都具备优势，例如：时间方面，网络教学平台可以随时对学生进行教学管理，而传统的教学模式只是局限于在课堂上的时间对学生的学习进行约束管理；空间方面，网络教学平台让学生可以在任何地点进行在线学习，而传统的教学只是局限于在课堂上学生可以提问。由此可以看出，网络教学平台系统会越来越受到教师和同学们的喜欢，网络教学也必将在不久的将来逐步代替传统教学模式。因此，建立一个完善的网络教学系统对当今高校来说是很有必要的。

（二）研讨式教学平台的功能

在分析理论教学与课程设计相结合的研讨式教学平台时，在对部分用户的需求进行调查的基础上，确定了如下功能需求：①学生和教师都可以自主注册账号，平台对所有用户的信息进行审核、记录。②平台会发布最近时间关于学校教育制度的信息，还发布一些时下比较热门的专业以及该专业最新的研究技术与成果，同时提供一些指导性技术文章供学生学习。③学生和教师可以在此平台上互动交流，而且交流内容是公开的，这样为枯燥的学习生活增加了乐趣，也能培养学生团队的交流协作能力，同时教师也方便对学生进行教学管理，尤其是在学生讨论有偏差时，教师可以及时改进。④教师可以不定时地上传一些关于学习方面的资料到网站上，并随时通知学生下载资料，供学生自主学习，每位教师发布的习题、作业、教学资源学生都可看到并下载，这样可避免学生找资料难以及找不到正确合适的资料等情况发生。⑤在开始课程之前，教师应该发布关于这门课程实验的相关知识，以避免学生上课听不懂的情况，从而可以有效地节省实验的时间，加快教学进度。⑥在实验开始前，首先由教师在网上发布课程及课程相关的介绍，然后学生选课，最后由该课程的授课教师来审核。

⑦教师和学生可以对自己的个人信息进行修改，但是学生没有权限修改自己的权限。教师可以看到所有学生的姓名、专业等相关的信息，教师修改个人信息对学生也是透明的，并且教师可以不定时对本系统的数据库和前端进行维护。

（三）研讨式教学平台的性能

为了提高系统稳定性与可靠性，使之更好地服务于教学活动，该系统还应具备以下几方面的性能：①完整性。为了让用户有更理想的体验，系统需要提供完整的学科资源以及多方面功能的相容性，并且保护数据在未经授权的情况不得更改，同时保证系统的稳定性和响应速度。②易用性。目标系统用户界面应操作简洁、易用、灵活，风格统一，其吞吐量（系统在单位时间内处理请求的数量）和并发用户数（系统可同时承载的正常使用系统功能的用户数量）满足实际情况需求。系统的使用文档要求齐备，符合常规视图系统的操作模式，且具有合理的使用成本。③可扩展性。系统开发并非一朝一夕就可以完成，需要经常更新，因此应该采取模块化的方式进行设计，提高各组件的独立性，同时保证系统在运行环境变更时也可正常使用。④安全保密性。只有合法用户才能自主进行登录，赋予用户一定的使用权限，为了使用户信息安全得到保障，对用户名、密码等数据进行了加密保护。⑤可维护性。提前预测用户在使用过程中可能会出现哪些问题，通过数据备份、安全管理、数据恢复等方式，给予用户足够的帮助。

（四）研讨式教学平台功能模块

针对其功能需求，为了给用户提供方便，整个系统具体功能模块有如下 7 个方面。

（1）用户管理。所有用户必须借助邮箱才能完成注册，在此基础上登录个人账号，方可使用各种功能，注册时须填写一些基本信息，如班级、专业、学号信息等，当用户提交所填写的信息后，系统会调用数据库中用户表进行信息校验，如果校验成功，说明此用户注册成功，若失败则需重新进行信息填写；用户可以管理自己的资料信息，比如所选课程、消息通知、好友管理、资料更新等。

（2）通知发布。由教师用户在系统中发布课程信息，以供学生选择，并且可以在上面发布有关学术的最新资讯与一些技术指导文章，方便学生了解相关专业的最新信息的同时，也能动手实践，从实际运用中提高学生的学习兴趣。

（3）课程管理。根据课程安排，教师用户先在数据库中输入本学期要学的课程，并且为学生提供大量与本课程相关的资源，为学生学习提供方便，为加深学生对理论知识的理解起到辅助作用。如果教师发布的课程并没有事先录入到数据库里，那么教师的这门课程将不会发布成功，系统会提示教师继续发布，如果发布成功，学生用户在选课页面将会看到关于这门功课的发布及其相关描述。学生用户通过系统选择自己感兴趣的课程，选择完成后，系统提交学生的信息到教师审核课程页面上，教师根据学生选课和学生个人信息情况考虑是否通过，如果教师审核通过，那么该学生将在这学期进行本门课程的学习，同时学生也能看见教师上传在本系统上的与教学相关的资料。否则，学生将继续进行选课，并会得到信息通知。

（4）仿真课堂。教师用户通过系统在对应的课程发布任务，经由和学生一起研究讨论后，分组开始课程设计实验部分。并且在实验开始之前，教师用户提供相应的实验指导，确保实验准确无误。同时，根据学生上课的提问与作业的完成情况，教师进行疑难解答。

（5）师生交流。本系统的互动形式主要有两种：一是留言板，借助于留言板，学生可以及时提出自己在生活和学习中遇到的各种问题，本系统内的所有用户都可回答；二是模仿聊天工具模式，所有合法用户都可以自主添加好友，构建起属于自己的朋友圈，在朋友圈里发布各种信息。

（6）师生互评。在此模块内，可以展示本系统内所有人的基本信息描述，并在信息描述下方提供评论板块以及评分级数，系统通过受欢迎度的高低排出教师榜和学生榜。

（7）搜索专区。课程搜索功能主要针对学生用户设计，可以让学生更加快速地选择课程。选择课程的方式有两种：一种是按照课程名称快速定位到要选择的课程，另一种是按照教师名字搜索，找到自己喜欢的教师所开设的课程，从而进行选择。学生搜索功能则是可以根据学生姓名查看该生所选择的课程，并且会显示一些与他选课类似的相似用户，其目的是推荐一些兴趣相似的用户，以便交流和学习。资料搜索功能是方便学生进行学习资料的查找与下载，通过输入相关课程的名称，可以显示与之相关的学习资料，并且还会根据课程的所属专业方向推荐最新的新闻资讯。

虽然这些模块都有着较强的独立性，但彼此之间具有一定的耦合度，在任务与功能方面互相支撑，构建起完善的平台系统。

第三章　作物学网络课程资源建设

随着互联网技术的迅速发展,“互联网+”模式已经渗透到各个领域。“互联网+”的概念可理解为通过互联网资源平台与信息技术相结合，将传统行业中的各行各业与互联网相结合而在新领域中形成的一种新的形态。高等教育更要主动适应信息化、互联网发展形势，加强信息化建设，走在互联网应用的前列。2015年4月,《教育部关于加强高等学校在线开放课程建设应用与管理的意见》(教高〔2015〕3号)文件发布，要求各地各高校积极推进在线开放课程的建设与应用，探索在线开放课程学习认证和学分认定制度的建立。2017年初,国务院印发的《国家教育事业发展“十三五”规划》指出:“拓展教育新形态，以教育信息化推动教育现代化，积极促进信息技术与教育的融合创新发展，努力构建网络化、数字化、个性化、终身化的教育体系，形成人人皆学、处处能学、时时可学的学习环境。”由此可知，在“互联网+”背景下，传统的常规教学模式已远远不能够满足信息大爆炸时代对教育教学的要求，务必要将信息技术与教育教学过程高度有机融合，才能够满足新时代、新经济形势下对人才培养的需求。

第一节　网络教学与课堂教学相结合

一、微课与翻转课堂

微课是指教师在课堂内外教育教学过程中围绕某个知识点(重点、难点、疑点)或技能等单一教学任务进行教学的一种教学方式，其核心内容是课堂教学视频，具有目标明确、针对性强和教学时间短的特点，是在线开放课程建设的微单元。目前，以微视频为主要形式的微课已成为慕课网络平台下的基本学习单元。微课的视频时长一般在 10 分钟左右，记录教师在课堂内外教育教学过程中，由一些知识重点、难点、疑点或某个教学环节而展开的教与学相关活动全过程。在教学内容上也突出以多角度、多手段的应用来展现知识内容，从而形成对学生学习的多种形式刺激。

在教学计划实施的过程中，教学课时的设置不仅要保证在一定时间内完成相应的教学目标，还要保证在教学过程中维持学生的注意力，由此才能达到良好的教学效果。在课程教学中，教学可以采用微课课时与课堂课时有机结合的方法，对课堂教学计划进行改革。在课堂教学中使用微课，既能避免长时间播放网络视频资源而引起的学生注意力减损的状况出现，又能避免视频教学在课堂教学过程中“喧宾夺主”的情况出现。在教学过程中，使用微课讲解一两个知识点，相对应一个课程体系一组微课就可以呈现较为完善的知识体系。同时，在课堂教学过程中，教师可以通过提问、分组讨论及其他教学方法的改变来把控学生的注意力。在教学过程中，较合适的是采用微课 10 分钟与课堂教学 35 分钟的模式进行教学课时的分配，在课堂教学的基础上加入微课，能起到“锦上添花”的作用。微课按课堂教学进程可分为课前复习、新课导入、知识理解、练习巩固及小结拓展。为了达成教学目标，在教学计划的任何阶段都可以加入 10 分钟的微课。

翻转课堂是一种新颖而有效的教学方法，它以学生为中心，强调学生个性化学习，重点是学生在课下对基础知识的自学，教师的课堂讲授只是一种引导。在课堂上，学生要参与各种各样的教学活动，而这些教学活动必须要在提前完成课程预习、作业等任务后才能参与。翻转课堂能为学生在课上环节提供许多挑战，从而迫使其课下必须学习各类知识，这种方法能够有效增加学生的学习动力和兴趣，提高其综合素质，让其对学科知识有更深刻的理解。在“互联网 +”背景下，翻转课堂是利用互联网资源、计算机技术来学习某一课程的基础知识，实现学生自主掌握学习的进度。其理想化的状态是教育学生充分利用互联网资源，将计算机变成每位学生的私人教师，替代教师对课程的讲授，从而节省出更多的课堂时间让学生参与到其中，在课堂的互动中不只局限于知识的再次深化，而是应用深化。通过线上线下相结合实现“先看—再讲—后练”的一体化教学模式。课前，教师布置预习任务，学生通过观看微视频和 PPT 进行学习，将问题通过平台或 bb 反馈给教师。课上，教师根据学生的反馈进行有目的、有重点的讲解；在此基础上，学生再进行练习，巩固提高。这个过程循序渐进，易于学生掌握所学知识。课后，学生有不懂的地方可反复观看微课进行巩固。

作为一种新的教学方式，翻转课堂也存在一些不足之处。主要表现在以下几个方面：①翻转课堂是通过学生课前学习基础知识，教师在课堂教学计划中主要针对性地解决学生提出的问题，但并不是所有学生都喜欢这种挑战或这种模式，他们习惯了传授式的课堂教学流程，思维不够灵活。②在翻转课堂中，大多数学生参与到教学讨论中，导致课堂纪律难以控制，这需要教师具有较强的管理能力。③教师设计的教学活动不容易覆盖到教材的方方面面，且设计的教学任务需要难度适中，适合学生的水平能力，这增加了教师的备课难度。

翻转课堂需要与传统的常规教学相结合，用合适的方法来解决问题。翻转课堂与常规教学相结合需要注意以下四个方面的问题：①强调以学生为中心。要考虑不同学生对课前基础知识的掌握情况，在常规的课堂讲授过程中要以学生为中心，教学过程要以将知识传递转化为以学生应用为主的知识为重要目标来进行。②强调课前自主学习。在课前学习过程中，学生可以通过互联网平台或其他途径获取资料，但这些资料一般是基础性的知识内容，要引导学生认识此类知识的高度概括性、浓缩性，以及对课堂中教学活动计划的指向性。③强调课堂教学采用多种方法。在课堂讲解的过程中，首先要利用较短的时间对相关基础知识进行讲解与概括，而课堂的主要教学环节还是应放在教师指导学生进行参与式学习的部分。其目的是加深学生对前期基础学习的理解程度，进一步培养他们的实际应用技能。④教师对学生的个性化指导。在课堂讲授和讨论过程中，根据学生的不同学习情况和参与学习程度，教师要掌握不同学生在课前基础学习中的具体学习程度，同时对于一些落后学生，要对其不能通过自主学习理解掌握的知识点进行归纳和总结。然后根据不同学生的学习进展情况，有针对性地设计教学策略，开展个性化的辅导活动。

二、慕课与在线学习

网络教学中应用最广泛的是慕课（MOOC），它能打破教室的限制，让知识为所有人共享。慕课的平台供应商从开始的 Udacity、Coursera、edX 三大国外公司发展到国内的各种慕课平台，如中国大学 MOOC 平台、学银在线、智慧树、网易云课堂、清华大学学堂在线等。在“互联网 +”背景下，学生可以非常便捷地从网上找到国内外众多精品网络在线课程，可以不出校门就在慕课平台上学到其他高校的特色课程。

在线开放课程将信息技术与教育教学的深度融合，让学习者自主充分地根据自己的需求和兴趣进行学习，有效提高了学习能动性和学习效果。通过引进“爱课程”网中国大学 MOOC 课程学习平台、超星泛雅学习平台、智慧树平台、学堂在线平台等，遴选建设学校特色优势课程，促进优质教育资源的开放与共享；探索在线学习与传统课堂相结合的混合教学模式，新建小班化研讨教室，通过翻转课堂教学模式，学生线上自适应学习，教师线下分组研讨教学，推进课堂教学模式与方法的改革，提供学生自主化个性化学习环境，促进学生合作学习能力、解决问题能力与创新性思维能力的提升，在课程应用中检验和提升课程建设的质量。

开放课程最早由美国发起，随后在全球盛行。这种新兴的网络课堂模式为学习者提供了全新的体验和全新的学习模式。美国的在线开放课程历时长，经验丰富，但是在课程内容、课程认证的方面还是和我国教育现状有一定的差异。2015 年，教育部发布了《关于加强高等学校在线开放课程建设与管理的意见》（教高〔2015〕3 号），文件为在线开放课程的建设确定了方向。开放课程主要是要建设具有行业特色、具有代表性的课程资源平台，实现教学资源的共享，打破学生学习的时空界限，能随时学，处处学。

（一）慕课的本质与特征

慕课是由国外高校创建的一种新型、现代化的教学模式，是为了增强知识的传播、追求教育的平等、实现资源的共享而散布于互联网上的开放课程，是一种以“学生为中心”的教学模式。其本质属性是大规模开放在线课程；这里的“大规模”主要指学习者的大规模参与性和教育范围的大规模覆盖率，这一特点在很大程度上扩大了教育的辐射范围和受众群体的数量；开放性即等同于共享性，指依托于现代媒介技术的慕课教学模式是面向全员开放、使得优质教育资源能够突破校际之间的壁垒从而达到极大范围内的共享；在线性则是指突破了学习方式的时空局限，使得学习方式更加灵活、教学内容更加多元、教学过程与交流也更为开放。翻转课堂与混合式教学是其显著特征，学生可以先在课堂之外自行安排时间上网听课，课堂内的时间则主要用于师生讨论交流及解答疑惑。

（二）慕课的优势

慕课充分利用在线课程平台，可以满足学生个性化、多样化的学习和发展需求。慕课有开放性、实时性和个性化的显著特征优势：

（1）开放性。课程设置、学生的学习过程及教学师资对所有用户开放使用。

（2）实时性。视频课程内容的更新，学生学习活动、学习效果的反馈都能实时显示。

（3）个性化。海量的网络课程资源涉及不同学科的各个领域和各个方面，学生可以根据自己的爱好与需求个性化地对网络资源进行筛选和甄别。同时，能够根据自己的时间安排与兴趣爱好决定学习过程的快慢程度。

（三）慕课的劣势

MOOC 作为新技术的教学形式，在某些程度上可以激发学习兴趣，但 MOOC 本身并不能解决学习动机问题，没有学习动机的人是不可能有学习效果的。有观点指出，我们虽在“形”上实施了翻转课堂，却没有做到“神”似。

虽录制了视频，但没能有效激发兴趣。另一方面，在线学习的随时随地性也可能破坏学习的循序渐进性，片断化的学习容易在认知的获得和信仰的形成之间形成某种障碍。由此可见，慕课“碎片化”的学习方式对于保持学习内容上的连贯一致会造成不利影响。慕课作为网络课堂的主要载体，其特性远非传统课堂所能及。但在教学过程中，一方面其主要的展示教学的方式是通过单一的视频模式来呈现，学生长时间观看视频难免觉得枯燥，从而精神涣散；另一方面其海量的网络课程资源容易让学生的学习过程变得随意，使其难以把握该课程的课程目标和课堂教学计划中的教学目标。

（四）在线教学与课程教学相结合的新模式

采用在线教学与课程教学相结合的模式，即线上、线下相结合的混合教学模式，指在教学过程中，首先教师可以利用慕课让学生对先修课程的相关章节和知识点进行复习，在讲到具体课程内容的时候，让学生翻看慕课平台上相关的课程教学视频中的相关知识点等内容，再以提问、讨论的方式对他们观看在线课程视频进行考核，同时也可以将其作为引入新教学内容的方法，从而达到温故知新的效果。其次针对教学计划中的重点、难点内容，教师可以在传统课堂讲授的基础上，要求学生观看和学习慕课平台上相关内容的视频资源，这样做一方面可以弥补课堂教学中学生对抽象概念理解不足的缺点，另一方面可以帮助学生消化与深化知识理解，特别是针对重难点知识的不同教学形式讲解和学习，从而使其牢固掌握这类知识点，提高学习效率。在“互联网 +”背景下，采用在线教学与课堂教学相结合的模式，需要教师在传统课堂教学过程中对课堂教学目标进行把握和指引，这样才能让两种教学模式进行互补，达到相辅相成的效果。

（五）在线开放课程建设理念与思路

在线开放课程和以往的精品资源课程存在本质区别，精品资源课程是以普及共享优质课程资源为目的，试图利用现代信息技术手段，加强优质教育资源开发和普及共享，进一步提高高等教育质量，服务学习型社会建设，而 MOOC 即在线开放课程力求教学全过程的在线化，甚至将在线学习与学分、学位、就业衔接，因此在线开放课程建设中应坚持过程导向、应用导向的理念。在新一轮在线开放课程的建设过程中坚持移动学习、泛在学习和“以学为中心”的理念，坚持优质教育教学资源共享，稳步推进学校在线开放课程建设。移动互联网时代的高校教学变革与发展，应充分考虑移动学习和泛在学习的重要性，要坚持“以学为中心”的教学理念；基于在线开放课程的翻转课堂和混合式教学逐渐成为一种新型的课堂教学模式，能够充分发挥高校在线开放课程建设的效用，能够较好地提高课程利用率，能够有效地提高课堂教学质量、促进学生主动学习，培养学生的创新精神和实践能力。

三、SPOC 混合式教学

SPOC（Small Private Online Course，小规模限制性在线课程），以形成个性化数字课程。开发移动 SPOC 的主要工作是拍摄微课程，微课作为移动氛围下得到学生喜爱的移动学习内容，每门课程由很多个微视频构成，时间为 5 ~ 15 分钟，每段短视频进行一个重点的讲述。微课作为开展 SPOC 的基础性教学资源，也是建设 SPOC 的工作重点。微课没有之前课程录像进行视频的简单分割，而更多根据重点来实现视频资源的设置，由专业教师进行整体规划与设计，并通过专业摄像团队进行制作与完成，其中包含宣传片和课程片头的制作。SPOC 课程设计，依据在线学习的特点把微课和测试、讨论、答疑等教学活动融入一个学习路径中。

Wulf et al.（2014）从慕课商业化的角度解析了慕课的兴起，认为在互联网信息技术的基础上，新增学习者的在线教育边际成本接近于零，网络效应和长尾效应都刺激了互联网与教育的商业结合，引发商业机构的投资。由于这种投资效应，慕课市场化运作方式迅速扩散至很多国家。甚至有人宣称，50 年后，全球将只剩下 10 所教育机构进行高等教育。然而，人们很快就发现，慕课学习并未如想象中发展得那般顺利，因为现场教学中的老师们也可以利用慕课中的素材、案例来进行课堂教学，并能应用 LMS（学习管理体系）将学习过程程式化，发现尽管选择慕课人数规模较大，但仅有约三分之一的学员完成慕课，原因与性别、年级及平台关系不大，而与慕课内容、师生互动直接相关，也与感知有效性的中介作用有关。另外，在 PPT 教学素材的来源上，有很多数据、图片、视频来自在线数据库、电视及网络。

（一）基于 SPOC 的数字化教学资源平台特点

（1）校内、在线教学有机融合。基于 SPOC 的课程移动数字化教学资源融合了移动交互式数字教材、微课、SPOC、教学资源库、移动教学互动、翻转课堂、教学管理和教学评价多种元素。既能够促进学生学习的体验与兴趣，又能协助老师顺利进行移动信息化教学的全过程。

（2）低成本打造可持续发展模式。MOOC 建设花费了学校高昂的成本，对于校园内班级模式教学作用却不大。SPOC 面向校内外的组织都是班课模式，教师投入精力满足自己校内课程的同时，就满足了校外课程建设，只需要一次投入就可以完成适用于校内外的课程设计和组织建设，而且由于小班模式，保证教学质量，可以考虑适当收费，为未来可持续发展提供了模式。

（3）转变教学方式，重新诠释教师影响力。SPOC 和 MOOC 可以让教师获得服务全球的空间，和专业行业获得较高威望有着差异。SPOC 可以使教师更好地与校园结合，采用小型班课模式。课前，教师是课程资源的学习者和整合者。课堂上，教师是指导者和促进者，他们组织学生分组研讨，随时为他们提供个别化指导，共同解决遇到的难题。SPOC 创新了课堂教学模式，激发了教师的教学热情和课堂活力。

（4）完善学习程度，提高课程完成率。SPOC 可以给那些通过特别筛选的学生实现课程的定制，给予有差别的指导，提高专业支持力度。不仅能够使得学生获得更好的全部课程体验，而且能够防止 MOOC 的辍课率较高以及完成效果不佳等状况发生。

（5）教学数据汇总展示，提供教学数据。平台能够汇总统计过去和当前所有开课课程、教学资源数量、教学活动数量、教学活动累计次数、学生教材学习行为数据、学生 SPOC 平台学习行为数据、学生课堂移动互动学习行为数据等大数据，为课程专业教师提供实证数据，通过数据分析不断改进教学方式方法，不断改进教学资源，将移动互联网基于用户数据反馈的快速迭代的产品开发模式应用于本课程基于移动信息化教学的课程开发过程中，使这种课程开发不再是一次静态地完成，而是动态地持续。

（二）SPOC 混合式教学改革方向

（1）把握教学混合“度”，持续激发兴趣点。混合教学如何混合是 SPOC 教学改革的关键问题，一是时间分隔，二是内容区分，三是方法选择。具体来说，线上线下的教学时间比例 1∶4 或 1∶3 可能为最佳，既能充分吸收教学内容,又不会产生疲劳感。理论性强的或难理解的要重点讲解，实践性强的或容易理解的可以视频讲解，目的在于持续激发学生兴趣点。

（2）选择精彩案例，丰富教学内容。从学生的角度来说，选择通识课主要是兴趣导向，而案例和教学内容就是学生最为注重的两个教学质量评价因素，因此选择精彩案例和丰富教学内容一定是教师备课的关键所在。一个好的案例可能需要多年的积累和精心的选择，因此案例和内容最能体现教师的“功力”。

（3）重视师生互动,累积“名师”效应。“名师”效应的确吸引了学生选课，网络经济时代，名师效应会向着两极分化的方向延伸，即学生评价教学效果好的教师会吸引更多学生选课听课，规模效应使得教师更努力，形成正向循环，反之亦反是。

（4）制作优质视频，提高教学效率。SPOC 课程，目前学生反映不太理想的就是在线课程中的视频制作质量不高，与百家讲坛等知名公开课相比，目前高校由于经费有限、时间不足等原因，有些视频制作的确有些粗糙，教师形象也比较呆板，美观程度并不高，并且视频播放效果远不如课堂教学中老师能够抑扬顿挫、挥洒自如。SPOC 混合教学能够为学生提供更好的学习体验，为高校教育质量提升做出更多的贡献。

第二节　教学设计与稿本撰写

一、教学设计概述

教学设计必须以现代学习理论为依据，教学设计的方案和措施要符合教学规律。要想达到最佳的教学效果，就必须按现代教学理论和学习理论的原理设计、组织、实施教学。

（一）教学设计的定义

所谓教学设计就是在一定的观点和方法指导下，依据现代教育理论和教师的经验，对教学活动进行规划和安排的一种可操作的过程。

教学设计的理论和实践是多种多样的，其原因之一就是指导教学设计的观点有多种。有的倾向于教学艺术的观点，有的采用问题解决的观点，有的强调工程学的观点，有的则强调人类因素等。从教育的实际需要看，人们一般更倾向采用系统科学的观点和方法来指导教学设计，因而也有人将这种教学设计称为教学系统设计。

以系统科学的观点和方法指导教学设计，是科学的教学设计与传统经验设计的重要区别。就课堂教学来看，以经验为主的“教学设计”仅注重教学中的个别要素，如只重视教学内容，忘记了学生，忽视了其他教学要素的存在与协调。有较多的盲目性和局限性。教学是一种多要素、动态的复杂系统。教师、学生、教学内容、教学目标、教学媒体和方法等众多要素构成了教学活动。以系统科学方法为指导，就是对教学中的多种要素进行整体地、综合地规划和安排，就是要通过确定教学目标，分析教学内容，了解学习者特征，组织教学模式和实施学习评价等一系列工作来完成教学设计过程。

教学设计也要依据教师的经验。教师的经验包括教师自己的经验、教师集体的经验和优秀教师的经验。在教学设计中，仅靠经验是有缺陷的，但不能排斥教师经验的作用。由于教学具有极为复杂的动力性结构，科学理论和方法在实际应用时会有一定的局限性，这就需要教师的经验加以弥补。只有将科学理论和方法与优秀的经验结合起来，才能搞好教学设计。

（二）教学设计的意义和作用

教学设计是实现教学最优化的前提。实现教学的最优化是教育工作者长期追求的一种理想境界。怎样才能实现最优化呢？阿特金森于 20 世纪 70 年代初，就教学中最优化的处理过程提出了四项基本要求：适当的教学模式，明确的教学目标，详尽的教学活动，相应的经费和效益。要做到这些要求，就必须开展教学设计，分析学生状况和教学任务，确定教学目标，选择教学模式或策略，对学习结果进行测量和评价等。可以说，没有教学设计就不可能有教学的最优化。教学设计是教学通向最优化理想境界的重要途径。

教学设计是开展教学活动的前提和基础。它为教学的实施提供可靠的“蓝图”。通过教学设计，教师能清楚地知道学生要学的内容，学生将产生哪些学习行为，并以此确定教学目标；通过教学设计，教师可以依据教学目标和学生的特征，采用有效的教学模式，选择适当的教学媒体和方法，实施既定的教学方案，保证教学活动的正常进行；通过教学设计，教师可以准确地掌握学生学习的初始状态和学习后的状态，便于有效地控制教学过程。

同样，教学设计也是制作高质量课件的前提和基础。在课件制作的实践中，常可以看到这样的现象：有些课件适用的教学目的和范围不明确，如辅助教师教学的课件却从头到尾地灌制了解说录音，布满了与课本一样的文字，没有了教师活动的空间；而辅助学生学习的课件却按教师讲课的习惯进行固定化地编排，限定了学生学习的主动性。有的课件知识点不明确，重点难点不突出，为制作而制作；有的课件单纯为显示技巧，而不考虑学习者的认识规律和能力，也不照顾教师使用方便与否。这些现象的根源就是没有进行教学设计。

（三）教学设计的应用范围

教学设计作为一种可操作的过程和方法，其应用范围比较广泛。概括起来有以下几方面：①对教什么进行设计。即对课程、教学内容进行设计。包括对学校或某个专业的课程的组合及结构进行设计；对某一门课程的组合及结构进行设计。②对材料进行具有教学特性的设计。③对怎样教进行设计。即对组织何种教学结构或模式，采用何种手段和方法进行设计。④对整个教学系统进行设计。即根据社会发展的需要和条件，对某个地区或学校的教学系统进行宏观设计。

（四）教学设计的一般过程

教学设计的过程就是运用系统方法分析教育教学问题、确定教育教学问题解决方案、检验和评价解决方案的过程。教学设计的一般过程通常包括以下内涵：

（1）分析教学内容。首先要根据课程标准或教学大纲，结合教材内容，分析教学内容，确定教学目标，并且可以在适当的时候对教学内容进行二次设计。为此，主要应考虑这几个问题：明确课时教学目标；进行学习任务分析；分析教学对象要完成学习任务所需要的辅助性知识和技能；明确具体教学内容。

（2）教学对象分析。新的教育理念倡导教学是为了学生的发展，因此必须对学习者进行分析，而且这样的分析应该放在非常重要的地位。教学过程中所涉及的教学重点、难点以及具体的教学方法、策略等都是建立在对学习者分析的基础上，分析学习者学习心理、认知水平、基础知识与技能的掌握程度和学习起点水平与学习特点。

（3）教学重点、难点分析。在分析了学习者之后，教师就可以根据学习者的知识基础、基础技能等多方面的特征，结合教学内容，分析制定明确、详细的教学目标，确定教学的重点、难点，并且在随后的教学策略设计中主要对这些重点、难点的教学进行设计。

（4）教师分析。完成了对“学”的相关要素的分析之后，还需要考查教师自身的因素。教师是传播者，传播者的知识、技能、情感、方法等多个因素影响着传播的最终效果。因此，需要根据具体的教学内容回过头重新考查教师自身的因素，才能顺利开展教学活动。

（5）教学策略分析。教学策略是在一定的教育理念（思想）的指导下，对完成特定的教学目标而采用的教学方法、教学组织形式、教学活动程序和教学媒体等因素的总和。它不仅包含了教学方法，还包括了更为广泛的教学组织形式、教学媒体的选择等多方面的内容。主要解决“如何教”“如何学”，要同时考虑目标、内容、学生、时间、教学条件等要素，从争取整体教学效益的角度正确选择教学策略。具体到实际教学，它包括：教学场地的选择，比如是在普通教室上课还是在网络教室上课；教学组织形式的选择，比如是自主学习还是分小组合作学习等；教学媒体的选择，比如是选择计算机多媒体网络广播教学，还是用大屏幕液晶投影展示等；教学方法的选择与应用，比如主要由教师讲授还是学生合作探究等；还包括如何在教学过程中尽可能地把干扰因素的作用降到最低等。教学策略的设计需要教师花费大量的时间与精力去完成。

（6）教学评价。在教学设计中，教学评价不仅包含了对学生学习效果的评价，还包含了对学生学习过程的评价，对学习资源的评价，以及对整个教学设计的评价。教学评价是对整个教学过程、教学效果的总体评价，以及对实际教学的检验，有助于发现问题，为以后教学的改进提供依据。

（五）教学设计的基本环节

尽管教学设计的模式有多种，但归纳起来它们都要做几个方面的基本工作。

（1）分析教学任务、确定教学目标。这个环节要做的工作是：用特定的方法分析教学任务，处理好教学内容，并参照学生的特征确定和陈述出教学目标。

（2）确定学生的准备状态。这个环节要做的工作是：使用评价的工具和方法对学生学习前的起点行为进行分析。所谓起点行为是指学生已有的与新的学习内容有关的能力或倾向的准备水平。教学的起点总是以学生已有的水平为依据，起点过高或过低都不能收到好的教学效果。在教学设计实践中，分析学习者的工作常常与前一环节的工作在一起进行。

（3）组织教学资源、形成教学方案。如果把前面两个环节比作医生给病人把脉、问诊的话，那么此环节就像医生开处方、确定治疗方案一样。这里要做的工作是：根据学生现有的状态，对要完成的教学任务，要达到的教学目标以及要学习的内容等情况，综合地、整体地选择教学方法和媒体，合理地确定教学组织形式和程序，形成行之有效的教学方案，即形成课堂教学结构或模式。

（4）实施学习评价。按照既定的教学方案或方式进行的教学是否有效，能否达到目标，需要进行检验。这是学习评价的主要任务。此环节要做的工作是：根据教学目标，运用评价的工具和方法在教学过程中或教学过程后对学习效果给予价值上的判断。前者属形成性评价，目的是检验教学设计的方案在实施中的效果如何，若存在问题，便及时调整、补充教学方案。后者是总结性评价，目的是对一个阶段的教学给予全面的评定，并对学生的学习结果给出成绩。

（六）教学活动设计

以学生为中心，依据认知学习理论、布鲁姆教育目标分类模型、人本主义和社会建构主义等教学理论，兼顾社会学员和校内学生的学习需要，通过线上慕课、开放式作业、单元测验，以及校内混合式教学的线下交流讨论、线下精讲案例等来保证实现教学目标。

教学活动设计首先是以学生的发展为中心。在设计课程的时候，首先把知识型的课程提升为思维型、能力型的课程，培养学生的创新思维，为他们的能力发展奠定基础；其次是以学生的学习为中心，我们将知识点脉络化、抽象内容可视化，把一些不可见的、难理解的知识点，通过信息技术为学生展现出来，让学生易于理解。为了保证学员可以利用碎片化的时间使用移动终端随时随地上网学习，慕课采用“微课”形式来建设，为此，限定视频播放时长一般不超过 5 分钟。这就要求我们必须将课程内容按知识点和大纲体系做细致的碎片化。教学内容碎片化的结果可能会导致学生所学知识的分散化、非逻辑化，所以必须考虑采用何种方式进行收敛。根据“布鲁姆分类法”，我们在碎片化知识点的同时，遵从记忆、理解、应用、分析、评价、创造的思维发展规律，在强调基础知识重要性的前提下，通过讨论、设计、答疑等引导学生发展高阶思维。为了兼顾混合式教学，我们根据“掌握学习理论”，提前一周发布新课和课前任务，增加学生实际用于学习的时间，进而加强学习效果。根据“激发自主学习的 ARCS 动机模型”，强化学习情境的激励作用，合理安排视频间驻点提问；在讨论中适时引导、鼓励和表扬学员。根据“人本主义学习理论”和“建构主义学习理论”，倡导自主学习；根据“社会建构主义学习理论”，倡导学员组成讨论小组，与老师协作来共同完成学习任务。从而实现了课程内涵的深度化、内容讲授的可视化、网络课堂的差异化、实体课堂的互动化、教育开放的协同化、能力培养的多元化，达到学生学习的个性化。

教学设计是运用系统方法分析教学问题、确定教学目标、建立解决教学问题的策略方案、试行解决方案、评价试行结果和对方案进行修改的过程。它以优化教学效果为目的，以学习理论、教学理论和传播学等为理论基础。教学设计也称教学系统设计，它把课程设置计划、课程大纲、单元教学计划、课堂教学过程、教学媒体材料等看成是不同层次的教学系统，并把教学系统作为它的研究对象。

教学设计作为一个系统计划的过程，是应用系统方法研究教学系统中各个要素（如教师、学生、教学内容、教学条件以及教学目标、教学方法和教学媒体、教学组织形式、教学活动等）之间的本质联系，并通过一套具体的操作程序来协调配置，使各要素有机结合完成教学系统的功能。而且系统计划过程中每一个程序都有相应的理论和方法作为科学依据，每一步“输出”的决策均是下一步“输入”，每一步又均从下一步的反馈中得到检验，从而使教学设计具有很强的理论性、科学性、再现性和操作性。

二、信息化教学设计

（一）信息化教学设计概述

所谓信息化教学设计，就是运用系统方法，以学生为中心，充分、合理地利用现代信息技术和信息资源，对教学目标、教学内容、教学方法、教学策略、教学评价等教学环节进行具体策划，创设教学系统的过程或程序，以便更好地促进学习者的学习。信息化教学设计的目的是在教学设计理论的指导下，充分挖掘信息化环境在提高学生学业成就上具有的巨大潜力，使学习者的学习过程得以优化。信息化教学设计实现了从原来的内容导向转变为教学导向，由学生被动接受学习转变为主动探求学习。

（1）信息化教学设计的基本思想。①强调以学生为中心。②强调自主探究式的学习方式。③强调情境对意义建构的重要作用。④强调协作学习对意义建构的关键作用。⑤强调对学习环境的设计。⑥强调利用各种信息资源来支持学习。⑦强调采用多元评价方式。⑧强调学习过程的最终目的是完成意义建构。

（2）信息化教学设计的基本原则。①注重情境的创设与转换。信息化教学设计应该注重情境的创设，使学生经历与实际相类似的认知体验，同时注重情境的转换，使学生的知识能够得以自然地迁移和深化。②充分尊重工具和资源的多样性。信息化教学设计注重对信息技术工具和信息资源的使用进行设计。这些工具和资源应当同学生的主要任务相关，能够帮助学生完成问题解决的估测,促进学生的意义建构。③以“任务驱动”和“问题解决”作为学习和研究活动的主线。学习活动的展开通常可以围绕某一问题或主题，这些内容通常来自现实学习和生活中的一些具体事例。学生通过对问题和主题的主动探索来体验学习的快乐，培养学习的兴趣。④学习结果通常采用灵活的、可视化的方式进行阐述和展现。在学习活动结束时，学生应当对自己的学习结果进行总结和展示，通常以研究报告、演讲、讨论等形式展开。⑤鼓励合作学习。信息化教学中，学习者通常是以小组或其他协作形式展开学习，在学习过程中互相帮助，共同完成同一项任务目标，实现“问题解决”、学生之间相互协作，共享他人的知识和背景，共同实现组织目标。⑥强调针对学习过程和学习资源的评价。信息化教学设计是一个连续的、动态的过程，在学习过程中，教师通过不断的研究和质量评估，收集数据，使用过程性评价达到改进设计的目的。

（二）信息化教学设计的步骤

（1）分析单元教学目标。确定学生通过教学应该达到的水平或获得的能力。

（2）学习任务和问题设计。根据单元教学目标，设计真实的任务和有针对性的问题。

（3）信息资源的查找和设计。根据任务和问题以及学生的学习水平，确定提供资源的方式，可以要求学生自己按照学习目标查找资源，也可以提供现成的资源给学生。前者必须要教师设计好要求、目的，后者要求教师寻找、评价、整合相关资源或提供资源列表。

（4）教学过程设计。梳理整个教学过程使之有序化，一般情况下应写出文字的信息化教案。

（5）学生作品范例设计。在教学过程中，如果要求学生以完成电子作品的方式进行学习，教师应事先提供电子作品的范例，使学生对将要完成的学习任务有一个感性认识。

（6）教学设计过程的评价和修改。在教学设计过程中，评价修改是随时进行的，伴随设计过程的始终。

（三）信息化教学实施

在教学实施过程中，要注重学习资源设计与开发、学生支持服务、网络教学等方面。

（1）学习资源设计与开发策略。学习资源设计与开发的策略主要包括目标制定策略、内容组织策略、媒体选择策略、讲授与传递策略等。这一阶段对“数”的考虑较多，各环节有一定的先后顺序，但环节之间也相互影响。①目标制定策略。网络教学目标的制定要依据学习者的需求与特征。教师在制定教学目标时要充分考虑到学习者的学习需求，学习目标，注重知识与技能目标的结合，注重能力与技能的培养。②内容组织策略。在选择和组织网络教学的内容时，要遵循“精而实用”的原则，要加强教学与实践的联系，使所学知识既能同自己已有的知识相结合，又能直接应用于实践活动中，提高学习兴趣和分析问题、解决问题的能力。③媒体选择策略。媒体的选择应依据学习者的需要、教学内容的特点，并不是媒体越先进效果就越好，关键在于能够更好地呈现教学内容，帮助学习者更好、更快地理解内容。④讲授与传递策略。经验在学习活动中有着十分重要的意义，因此在网络教学中，应更加注重激发学生思考、引导学生进行自主学习与协作学习。

（2）学生支持服务策略。在此阶段考虑更多的是学习者的“学”，教师是学习的引导者、督促者，学习环境的创设者，通过实施各种策略促进学生的学习。这一教学阶段具有更多的动态特征，因此网络教学策略的建构与运行主要是对网络教学活动进行有意识的监控、评价、反馈、调节，尽可能地协调好教学活动中各要素间的关系，使教学过程最优化，更有效地完成学习目标。①引导策略。引导内容主要有网络学习的观念、方法、过程，课程学习的目标、方法、技能等，资源获取途径，问题解决与求助方法。②交互策略。交互是网络教学过程中最重要的环节，可以确定一个明确的、有激活性的或一个亟待解决的问题作为话题，要鼓励学生深层次地理解与沟通，激发学生积极思考、参与自我展示，要提供一些能反映学科发展前沿和最新成果的资源及相关案例，或对课程学习和考试有帮助的资料，供学生研讨和充分利用，还可以通过电子邮件等方式对学习者进行个别指导与帮助。③监控策略。要督促学习者顺利完成学习任务并保证教学质量，就要及时、主动地了解学习者的学习情况，对其学习过程进行一定的监控。④评价策略。网络教学评价的目的是促进学习者的学习，要通过各种反馈让学习者学会自我评价、自我调控。

（3）网络教学策略。网络教学策略是在特定的网络教学情境中为适应学习的需要和顺利完成教学任务，教师与学习者共同对教学活动进行调节和控制的一系列的措施和行为执行过程。这种调节与控制是以对教学目标、教学内容、教学对象、教学环境等要素的分析为基础，系统运用教学方法、教学手段、教学模式，对教学过程优化处理的过程。因而，这种调节与控制具有系统性特点，它要求教师对教学策略的内涵有很好的理解，对教学策略的构成要素及其要素间的作用要有准确的把握。

在网络教学实践中，网络教学方法与手段直接关系到网络教学的效果，对一线的实践者更有指导意义。由于学习者需求的个性化，网络教学的超时空以及学习环境等不同因素的影响，网络教学方法与手段具有更多的动态特征。同时，网络教学策略总是符合网络教学的一般过程及规律，总是与网络教学的特征紧密联系，而且总是指向教学目标，因此具有一定的稳定性。具体网络教学策略的运用，需要结合网络教学的过程来加以分析，才更有实用价值。

三、网络课程规划设计

（一）网络课程规划的基本原则

设计网络课程时，除了要遵循教学设计的原则外，还应遵循以下的课程规划原则：

（1）个性化。网络课程要强调以学生为中心，体现学生学习的个性化。学生是学习的认知主体，学习的过程是学生通过主动探索、发现问题、意见建构的过程。所以要重视学生作为认知主体的作用，为学生提供个性化的学习服务，体现学生个性化学习的特点。

（2）交互性。网络课程中的交互主要包括学生与教师之间的交互、学生与学生之间的交互、学生与学习材料的交互。在网络课程的结构设计上，应该有在线讨论、论坛等师生互动模块，要设计灵活多样的学生学习和训练内容，提高网络课程的交互性。

（3）开放性。网络课程要对学习者开放，让学习者按需参与。同时课程资源要开放，提供相关的参考资料和相应的网址，对于同一知识内容，提供不同角度的解释和描述，让学生对多种观点进行辨析与思考。

（4）动态性。随着技术的迅速发展，知识爆炸和知识老化的周期日益缩短，网络课程的内容需要不断地更新，不断吸收本学科领域最新的科技成果和前沿信息，保持鲜活的学习内容。网络课程设计要方便更新、扩充新的内容。

（5）共享性。网络最大的优势在于资源共享，在设计网络课程时要体现共享性的设计原则。对于重要知识点的学习，通过链接、提供网址资源等多种方式引入丰富的动态学习资源供学习者使用。

（6）可评价性。要重视评价反馈的设计，及时了解学生的学习情况，对学习者的学习情况和学习效果提供真实、有效的评价和反馈。要在设计网络课程时，提供考试的得分、错误答案的分析以及教师对习题作业的批阅结果等功能。

（二）网络课程的进程规划

一般的网络课程建设有如下几个阶段：

（1）课程设计阶段。课程设计阶段由课程负责人与课程团队的所有成员共同研究、制订方案、确定内容。这个阶段主要是课程教师与团队老师共同完成。主要包括：①需求分析。对课程进行分析，找出该课程在学科领域中的特色与网络平台风格的选择。②课程设计。采用教学设计的原理与方法对课程进行设计。③功能的确认。确定网络课程所在网络教学平台的各项具体功能。

（2）资源建设阶段。资源建设阶段主要是在现有的网络教学平台系统上完成教学资源的上传与添加。目前利用的网络教学平台主要有中国大学MOOC、学银在线、智慧树等平台。主要包括资源的采集、资源整理、资源上传和资源完善几个方面。

（3）运行管理阶段。运行管理阶段是对已完成并通过检测的网络课程转移到网络课程服务器，开始投入使用，并开展常规管理工作。这个阶段由技术人员完成。主要包括版本管理（对完成的网络课程进行版本管理）、数据备份（对完成的网络课程开展数据备份）、查杀病毒（对课程进行安全检查并查杀病毒）和发布运行（正式公布网址投入使用）。

（三）网络课程的基本框架

设计制作网络课程需要对内容精心设计与准备。除了文件、教学文档、课件等资源外，教师还需要注意对课程简介视频、教师教学视频的准备，以及互动教学资源的准备。一般来说，完整的网络课程主要由如下几个部分构成：①教学内容系统。包括课程简介、教学大纲、课程安排、教学课件、WEB 教材、视频讲解、单元测验、单元作业、章节讨论、考试等内容。②诊断评价系统。包括形成性练习、达标测验、作业提交、作业批改、阅卷批改、成绩显示、结果分析等。③学习导航系统。包括内容检索、路径指引等。④协商交流系统。包括电子邮件、电子公告牌、讨论版、答疑信箱等。⑤开放的教学环境系统。包括与教学相关的内容、参考资料、网址的提供、电子图书的提供等。⑥学生档案系统。包括学生账号、登录密码、个人基本信息、其他相关资料等。

（四）网络课程的结构设计

网络课程的结构体系由学习资源层、学习支持层、课程用户层和教学管理层构成。①学习资源层是课程内容的展示层，主要向学习者展示网络课程的内容和相关资源，可以说他是学习资源的大集合，只要与课程内容相关，并且学生有必要了解的资源全部可以放在网络课程平台上。②学习支持层主要是利用网络平台提供一些工具来支持教和学，如可以利用讨论版工具搭建学习论坛，供学习者、教师、其他人员交流，可以利用调查来发布调查问卷，方便教师了解学生的学习状况，可以开设在线考试来检验学生对知识的掌握情况等。③课程用户层主要包含两类用户，一类是教师用户，另一类是学生用户。教师用户可以建设课程、管理课程、注册学生用户等；学生用户则能浏览课程内容、参与讨论和调查、在线考试等。

④教学管理层主要是教师来对课程进行管理，包括上传课程内容、组织教学活动、管理学生用户等。另外，管理员也可以参与进来，对这个系统进行管理，例如修改教师用户权限等。

（五）网络课程设计内容

网络课程设计是一个系统工程，设计的好坏直接决定了网络课程的教学质量和教学效果，主要体现在以下几个方面：①课程内容的设计。教学内容是网络课程设计的主体。教学内容的设计应按照网络环境的需要和教学目标进行合理分解与重组，并根据不同内容的知识特点选择不同的媒体表征形式，以便使教学内容适于以网络化的形式和手段表现出来。②课程交互设计。网络课程交互设计不仅要考虑教师与学习者之间的交流和学习者与学习者之间的交流，而且还要考虑教学支撑平台本身的交互性能。③课程导航设计。导航系统可以说是网络课程的“舵”，创建一个清晰、合理的导航系统，能帮助学习者高效利用的网络课程开展学习活动。网络课程中导航设计要清晰、明确、简单，符合学生认知心理。一般可以采用提供信息网络结构图、列出课程结构说明，采用下拉式菜单和折叠式菜单，提供检索机制直接跳转到所学内容以及记录学习路径并允许回溯等方法。④学习评价设计。学习评价作为教学效果的检验方式，是网络课程设计的重要环节，尤其是在以学生自主学习为主的网络化学习活动中，恰当的评价不仅可以让学生自我或相互评定学习效果，而且还具有激发学习动机、激励学习热情、获取学习反馈等功能。评价要注重评价学生的能力，着重关注学生学习的过程和行为，注重培养学生的创新能力和解决问题的能力。

（六）典型的网络课程规划

根据不同的需要，网络课程的内容设置有所不同。有的网络课程以呈现教学内容为主，有的网络课程以提供课程资源为主，有的网络课程以开展活动为主。

（1）课程资源为主的网络课程。这类网络课程提供了丰富的资源来支持教学，为学生的自主学习提供了条件。如湖南农业大学的“互联网 + 现代农业”,该门课程提供了大量的资源,包括教学视频、课堂讲义、随堂作业、课后练习、教学相关资料等。

（2）教学内容为主的网络课程。这类网络课程主要以教学内容的呈现为主，其目的是向学生提供课程的基本知识。如湖南农业大学的国家级精品课程“植物生理学”，该门课程建设有授课教案、教学课件、课堂录播、网络教学资源库等栏目，并详细介绍了该门课程各章节的知识点。

（3）教学活动为主的网络课程。网络教学活动主要包括学习发生前的导学活动,学习进行中的讨论、答疑、协作学习活动学习结束后的评价活动。如湖南农业大学“数字时代学习力提升攻略”的课程，利用讨论版来实现师生、生生之间的课堂课后讨论交流，还提供了作业和试题，便于学生在学习结束后的自我评测。

四、文字稿本与制作稿本

稿本设计包括文字稿本与制作稿本（脚本）。实际操作中，如果制作人员对课程内容熟悉，或是任课教师自己制作课件，也可将二者合并为一，内容上可适当简化。要制作出方便、实用、效果好的课件，除了要有较好的制作技术外，关键在于创意，即根据教学内容和教学要求，设计出符合教学规律，能激发学生兴趣，能揭示教学重点或难点的课件。而稿本正是创意的体现，是创意的初级表达。编写稿本的目的之一是为了指导制作者去进行课件制作，虽然可能有关于整堂课设计的教案，但教案主要是由教师按照教学过程的先后顺序，将知识内容和呈现方式描述出来的一种形式，它还不能作为课件制作的直接依据。课件制作者对计算机软件很精通，但不一定了解各个学科内容和教学设计的具体问题，因而设计者必须交给制作者一套稿本，以确保其制作时有据可依。

（一）文字稿本的编写

1. 编好文字稿本的作用

编写多媒体课件的文字稿本，具有体现课件教学设计的思想和为制作稿本的编写打下基础两方面的作用。

（1）体现课件教学设计的思想。多媒体课件的开发，首先是要进行软件的教学设计，即进行教学目标与教学内容的确定、学习者特征的分析、媒体信息的选择、知识结构的设计、诊断评价的设计等工作，这些设计思路集中体现在课件的文字稿本中，所以说，多媒体课件的文字稿本是软件教学设计思想的体现。

（2）为制作稿本的编写打下基础。多媒体课件制作的最终依据是多媒体课件的制作稿本，但由于制作稿本中的内容较复杂，要一次性编写出来难度较大，它往往是在文字稿本的基础上改写而成的，所以编写多媒体课件的文字稿本，可以为制作稿本的编写打下基础。

2．文字稿本的构成

多媒体课件文字稿本的编写包括学习者的特征分析、教学目标的描述、知识结构的分析、学习模式的选择、学习环境与情境的创设、教学策略的制订、教学媒体的选择设计等内容。

（1）教学对象的说明。主要说明课件的使用是面向哪些类型的学习者群体，使用该课件的学习者需要具备怎样的知识背景、认知结构和认知能力。

（2）课件的教学功能与特点的说明。在这部分说明内容中，要说明课件在教学上的一些功能与作用，特别是那些在传统教学中无法解决的问题，而通过多媒体技术能实现的功能。此外，还要说明课件在设计与制作中比较突出的特色。

（3）使用方式的说明。这部分内容主要说明课件应采取的教学应用方式，如教师课堂上辅助教学、学生课堂上自主学习、学生课外阅读学习等方式。

（4）教学单元与知识结构的流程图表示。一套完整的多媒体课件通常由若干个教学单元（或章节）组成。知识结构是指各知识内容（知识点）之间的相互关系及其联系的形式。如学习一首古诗，可分为识记生字、理解词语、讲读诗句、欣赏全诗等若干个知识点，这些知识点之间的关系和联系的形式就是学生学习古诗的知识结构。

（5）教学单元的划分。课件中的单元划分一般要考虑教学目标的先后次序和连续性，还要在时间上加以限制。

（6）知识点的划分。关于知识点的划分，一般来说有以下两种方法：①按知识内容的属性，学习内容可分为事实、概念、技能、原理、问题解决五类，不同类型的知识内容应划分为不同的知识点。②按知识内容之间的逻辑关系，知识内容之间存在着条件与结论、原因与结果等逻辑关系，不同关系的知识内容应分为不同的知识点。

（7）教学目标的描述。多媒体课件的作用是用来进行教学的，因此教学目标的确定是十分重要的问题，一套完整的多媒体课件由若干个教学单元组成，每个教学单元达到一个或多个独立的教学目标，整套课件的总体教学目标由这些独立的教学目标组合而成，因此需要对每个教学单元进行目标描述，进而完成整个课件的教学目标描述。

（二）制作稿本的编写

1. 编好制作稿本的作用

制作稿本一般是由教学设计人员根据学科教师编写好的文字稿本，按照课件开发的要求编写而成的。编写多媒体课件的制作稿本，主要有如下三方面的作用：

（1）体现课件系统设计的思想。多媒体课件设计的结果只是表述了教学信息的呈现、教学流程的控制等方面的思想，它并没有给出课件编制中各种具体的指示和要求。通过编写制作稿本来设计各种信息的排列、显示和控制，并考虑信息处理中的各种编程方法和技巧，将课件设计的思想和方法具体体现出来。规范、有效的稿本，既能充分体现课件的思想和要求，又能对课件的制作给予有力的支持。

（2）为课件的制作提供直接的依据。制作稿本是基于课件设计的思想和方法编写出来的，它不仅反映课件设计的各项要求，还给出要显示的各种内容及其位置的排列，基于学习者学习情况的各种处理和评价，显示的特点（颜色、动画、声像同步）和方法，编程的指示和技巧等，为多媒体课件的制作提供了直接的依据。

（3）有利于学科教师与技术人员的沟通。目前在开发多媒体课件工作中，除了需要具有丰富教学经验的学科教师和计算机软件制作人员外，还必须有教学设计人员参与。课件开发中的教学设计人员的主要工作是将由学科教师编写好的课件文字稿本，按照课件开发的要求编写成课件制作稿本，并作为课件制作的蓝本，实现了教学思想、教学经验与计算机技术的统一和结合。

2．制作稿本的构成

多媒体课件制作稿本的编写包括课件系统结构的说明、主要模块的分析、课件的屏幕设计、链接关系的描述等内容。其中，课件的屏幕设计、链接关系的描述等一般通过制作稿本卡片的填写来完成。所以，多媒体课件的制作稿本通常是由课件系统结构与主要模块的分析和一系列的制作稿本卡片构成。具体来讲，主要由以下几个部分构成：①文字、图形、图像、动画、影像等窗口的大小；②文字内容、呈现方式和特殊效果等；③图形、图像颜色的搭配、入图、出图方式、特殊效果等；④旁白、音效、配乐；⑤交互方式（菜单、按钮、拖动等）；⑥按钮、图标的位置和大小；⑦每屏停留的时间；⑧启动按钮、热字、热区的触发交互点，转向的去处；⑨进入、退出本屏幕的触发交互点，转向的去处；⑩进入、退出本屏幕的路径和方式，注明画面的文本、声音、图形、影像、动画等文件名。

3．制作稿本的详细设计

（1）超媒体结构设计。超媒体结构应基于超媒体结构框架和超媒体设计策略进行设计。超媒体结构设计包括节点、链以及由节点和链构成的非线性网络的设计，包括导航图和导航方法的设计。超媒体结构设计是多媒体课件设计的核心内容。它既涉及学习内容及其结构的设计，又涉及学习流程的设计。超媒体结构中，节点间具有母节点和子节点的关系。节点间的链接通常由母节点指向子节点。当母节点中的某一热字、按钮等被触动后，就可实现从母节点指向子节点的“航行”。

（2）人机界面设计。人机界面是评价多媒体课件的一项重要指标。人机界面设计给出了用户应如何使用多媒体课件的基本方法，它决定了课件的使用性能。人机界面的设计在很大程度上决定了多媒体课件的质量水平，它是决定课件操作性能的重要内容。

面向大学生或成人的多媒体课件，其界面的设计可使用一些较为复杂的操作。特别对于某些专用的软件，使用者具有较多的使用经验具备有软件操作的专业知识，这时的界面设计与单纯的操作相比较，界面给予的信息量更为重要。在人机界面的设计过程中，重要的是如何设计一种便于用户操作的人机界面。

人机界面的设计要具有一定的连续性。所谓界面设计的连续性，是指课件中同样的操作具有同样的效果。具有同样操作的图标、热字、按钮应位于屏幕的相同位置。它不应因为框面的变化而变动。这样的设计不仅有利于用户熟悉软件的使用，不至于造成混乱，也有利于软件的设计和制作。例如，课件运行的过程中，用于框面切换的操作，即使是同一图标的按钮，若在每一帧框面的位置不固定，经常变化，势必给用户造成操作上的不便，有时甚至产生误操作。

此外，效果声的使用方法也应具有连续性。一般来说，不同图标的按钮具有不同的效果声，例如，当触动同一图标的按钮，听到了不同的效果声，会给用户带来错误操作的感觉，导致使用的不便。

4．制作稿本的撰写

撰写制作稿本（脚本）的过程，实际上是把我们在设计脚本过程中的各种各样的想法书面表达出来的过程，这也是制作稿本设计的最终成果的体现。俗话说，“磨刀不误砍柴工”，只有保证了脚本的质量，做课件时就会有事半功倍的结果。

五、说课视频录制技巧

（一）正确理解说课

说课是教学研究和改革中经常用到的方法，一般由执教者在特定的场合，向同行、教学研究人员或教学管理人员介绍自己的教学思想、教学方法、教学效果以及困惑和反思。说课的聆听者或评价者会就自己关心的问题进行询问和探讨，从而促进教学水平的提升。说课不同于讲课，讲课是教学设计结果的呈现，而说课关注的是教学设计的过程，说课人需要充分表达出教学设计的背景因素、自己的教学创新思路，以及教学中应用的核心逻辑与方法。说课能够在最短的时间内让大家了解一门课程的思路与方法，对其作出评价。因此，一流课程的评审中，说课视频是专家作出评价的重要依据，由于其可视化与生动性，会极大影响本课程的评价结果。因此，申报人要给予足够的重视。

课程负责人的 10 分钟“说课”视频：含课程概述、教学设计思路、教学环境（课堂或线上或实践）、教学方法、创新特色、教学效果评价与比较等。技术要求：分辨率 720p 及以上，MP4 格式，图像清晰稳定，声音清楚。视频中标注出镜人姓名、单位，课程负责人出镜时间不得少于 3 分钟。

（二）说课视频

说课视频是通过镜头语言进行内容展示，需要结合文字、语言、图片、短视频等多媒体手段，其制作也较为复杂，通常需要经过说课视频内容设计、展示素材收集、视频脚本设计和视频制作四个环节。

（1）说课视频内容设计。说课视频的内容设计可以依托申报书正文进行，其核心观点和素材均来自申报书，但并非照本宣科把申报书念一遍，否则就失去了说课的价值和意义。说课视频的内容设计可以采用四种模式：①逻辑递进式。这是最通常的做法，基本上就是按照申报书的内容分板块陈述。核心内容回答如下几个问题：我们是谁？我们做了什么？效果怎么样？以后准备怎么干？逻辑递进式包括：教学团队介绍、核心能力和资质水平；教学理念、教学过程和教学特色；教学效果、教学评价；下一步建设计划。这种模式的好处是平铺直叙，不需要花太多心思设计，不足的地方就是没有特色，除非是具备非常硬核的条件，否则不容易在众多的课程中脱颖而出。②需求导向式。本类型是体现“以学生为中心”的教学理念，从学情分析入手，提出学生的学习需求和教学目标，然后逐步介绍自己的教学方法和措施以及教学成果。核心内容回答如下几个问题：这门课是讲给谁？他们有哪些学习需求？我们是如何满足这些需求的？学生取得了哪些成果？后续要如何满足新的需求？需求导向式包括：课程教学对象学情分析；基于学习需求的教学设计；教学过程与教学创新；学生取得的成果；新的需求以及进一步对策。③横向对比式。本类型说课的核心是对比，对比通常做法、对比同行做法、对比国际国内标杆做法，通过对比凸显优势和创新特色。不过前提是本课程确实很强。核心内容回答如下几个问题：我们是谁？他们是谁？我们的优势在哪里？我们和其他课程对比特色有哪些？典型教学成果的体现在哪里？未来如何创造更多的对比优势？横向对比式的做法：本类型课程通常教学方法；本课程的教学创新点；本课程取得的教学成果；本课程教学的未来发展趋势。这种方式比较适合同类型课程较多的情况，例如大学英语、高等数学、思政课程等，同时也适用于创新创业基础和大学生职业生涯规划等课程。④问题导向式。本类型说课的核心是问题分析。先提出此类课程经常面对的问题，然后阐述运用了什么教学理念和方法，解决的效果如何？核心内容回答如下几个问题：本课程教学中最大的困难是什么？为什么会出现这个问题？我们是如何解决的？解决效果如何？之后还可能出现什么问题该如何应对？问题导向式包括的内容：过去教学过程中遇到的问题；针对这个问题做的分析和思考；教学过程中的创新和解决策略；教学取得的成果；后续问题以及应对策略。

（2）说课展示素材收集。理清说课的核心逻辑后就可以开始整理视觉展示素材了。素材的种类包括照片、视频、证书、文件等。主要的作用是形象展示和提供证据，达到“有图有真相”的效果。题材包括如下五类：①教师介绍资料，如教师照片、教师获奖证书、教学竞赛获奖、荣誉称号等表示教师在该领域的成就，以及相关资质证明，如某方面国际认证、职业资质等可以体现教师的专业水平。②课程教学视频片段。线下课程、社会实践课程最好有上课现场的视频，展示真实的教学场景。这部分需要日常积累，平时上课时可以拍摄一些素材备用。不仅是申报一流课程，做学院宣传片、专业招生宣传片等视频都用得上。对于仪式化的场景，例如开课典礼、学生项目路演、结业论文答辩、外出调研等尤其要留存视频资料。③学生反馈视频。可以在课中、课后邀请学生对本课程作出评价，从学生口中的反馈信息有更高的可信度，该视频贵在真实，避免配合式表演。④教学成果资料。本部分的资源主要是纸质版文件扫描，例如研究课题立项文件、教改论文原件、学生注册公司的营业执照、媒体报道、网站截图等。本部分的材料主要是作为佐证，表达申报材料的真实性。⑤说课视频配套课件。采用图表、图片形式将说课内容进行形象化处理，尽量避免课件上出现大段文字，尽量用结构化的表达方式呈现内容。

（3）说课视频脚本设计。在准备好以上材料之后就要撰写说课视频拍摄脚本将这些素材统合起来，用镜头语言说明自己的核心观点。说课视频脚本包括如下要素：①主题内容切割。用结构化思维将表达的内容切割成若干部分并冠以标题。初步计算每部分所分配的时间。通常可以按照开头介绍和导入 1 分钟、教学设计 3 分钟、特色和创新 3 分钟、教学效果与学生成果 2 分钟、结尾和总结 1 分钟。最前面还可以加 5 秒片头，最后有 2 秒片尾。②说课讲稿。按照内容设计逻辑和申报书中主要内容撰写说课讲稿，一般语速为 1 秒钟 4 个字，扣除中间衔接和停顿，10 分钟说课讲稿的字数控制在 2000 字左右。讲稿上可以在部分位置提醒自己的表情和动作，尽可能做到流畅自然。③教师出镜。说课视频最好由课程负责人主讲，如果需要课程团队成员承担部分内容的话，负责人出境时间不能少于 3 分钟。教师的出境主要有四种方式：全身出境（即镜头中只有教师镜头）、教师 + 展示材料（教师一般在画面右侧，左侧放 PPT 或者视频素材）、展示材料 + 教师小窗（需要重点展示素材内容时，可以将教师镜头开小窗至于右上角)、全部是展示材料(只保留教师讲解声音，主要体现展示材料)。④素材展示方式。视频中素材展示方式是多样的，简单的是静态展示图片，为引起注意可以增加动态效果，或者配合主讲教师做特效。

（4）说课视频制作。在说课视频脚本编写好之后，可以和拍摄的技术人员进行沟通，让其充分理解自己希望呈现的效果，同时也可以结合他们给出的专业意见修改自己的拍摄脚本。①说课视频拍摄。通常在专业的摄影棚拍摄，以便于后期加工处理。主讲教师可以把说课讲稿放在提词器中，多念几遍熟悉内容，尽量避免紧张。说课时可以采用站姿或坐姿，通常规范的做法是采用站姿，如非介绍场景不要用行走中拍摄。镜头变换可以采用推、拉、摇、移等手法，拍摄效果取决于技术人员的水平。②后期制作。拍摄结束后通常由技术人员进行后期处理，减去表述不当的地方，加上相应的素材，建议主讲教师出境时增加姓名和单位词条，全片制作完后加上片头片尾并配上字幕。关于背景音乐大家观点不一，个人认为如果要加的话尽量使用轻音乐并把音量调低，所有制作完成转码为 MP4 格式即可。

（三）说课视频的内容组织

按照要求“说课”视频含课程概述、教学设计思路、教学环境（课堂或线上或实践）、教学方法和创新特色、教学效果评价与比较等。我们可以把说课视频的脚本按照课程概述、教学设计、教学环境、教学方法、教学效果、创新特色六个模块进行梳理。一般播音员的语速是 250 ~ 260 字 / 分，我们建议说课的脚本为 2000 字左右。

（1）课程概述。用简要的文字介绍课程的建设历程、培养方案中的定位、学生的学情分析。

（2）教学设计。讲清楚整个课程的教学设计思路，包括教学目标、教学内容、教学活动等。①教学目标的理解：教学目标强调高阶性，课程目标坚持知识、能力、素质有机融合，培养学生解决复杂问题的综合能力和高级思维。课程内容强调广度和深度，突破习惯性认知模式，培养学生深度分析、大胆质疑、勇于创新的精神和能力。②教学内容强调创新性：教学内容体现前沿性与时代性，及时将学术研究、科技发展前沿成果引入课程。教学方法体现先进性与互动性，大力推进现代信息技术与教学深度融合，积极引导学生进行探究式与个性化学习。③教学活动强调学生中心：线下一流课程需要打破沉默的教学模式，线上线下需要突出课前（线上）、课中（线下）、课后（线上）的有机融合。社会实践强调理论与社会实践的融合。④考核要求强调挑战度：首先考核要求需要与设定的课程目标相对应，同时考虑多元考核（形成性测试、总结性测试等）。

（3）教学环境。包括线上、线下、实践的课堂教学实施，可以结合之前的内容进行整理。可以在说的时候把课堂教学、线上学生自主学习、社会实践基地的照片和活动视频融入说课视频中。利用视频的镜头语言丰富相关内容。

（4）教学方法。教学方法是实施教学设计所用的方法。教学方法包括教师教的方法（教授法）和学生学的方法（学习方法）两大方面，是教授方法与学习方法的统一。教授法必须依据学习法，否则便会因缺乏针对性和可行性而不能有效地达到预期的目的。传统的方法就是讲授法，还有常用的讨论法、直观演示法、练习法、实验法、任务驱动法、自主学习法等。这些方法将教学设计有效实现，我们把这些内容给大家一幅完整的“课堂画像”。

（5）教学效果。教学效果从两个方面来分析，对于学生而言从学习目标出发分析教学成效，可以从学生的成绩来看，也可以从学生的知识、能力、素养等方面进行分析。从教的方面来看，我们可以从教学评价、课程评估等方面来分析。所有的分析都应该是图形化的内容，以直观的方式呈现内容。

（6）创新特色。根据整个内容来凝练特色与创新点，在这里我们也建议特色避免“同质化”，需要强调“人无我有、人有我优”的特色。创新也可以从自身的创新点谈起，也可以从已有的基础上做的创新点谈。

（四）说课视频的呈现

（1）文件要求。根据要求课程负责人必须出镜，出镜不少于 3 分钟，在视频呈现的时候需要通过下脚注的形式呈现“出镜人姓名及单位”。至于什么时候出镜、怎么出镜、别的人是否可以出镜没有具体要求。①在视频开始30秒内课程负责人出镜，有的教师会在前面加上片头、开场旁白等内容。但是，根据“多媒体学习理论”在短的时间内（10分钟），学习者没有第一时间（开头30秒）接收到有效信息，他们会对后面的内容失去兴趣。所以我们建议5 ~ 10秒的片头之后就可以出镜讲解。②课程负责人出镜讲解不一定要在PPT前，一般先做个人的介绍和课程陈述，这部分内容以负责人画面为主（如在画面中间）。③说课的时候如果有教学团队，团队成员建议出镜，可以说说自己的教学设计和方法，也可以讲内容中的一部分（通过你问我答的形式来说：请教学团队老师作为主持人与课程负责人一起说）。④说课视频是否可以几位老师一起说？这是相声、小品、评书还是？严格意义来讲，说课不应过度包装，以最简洁的形式呈现说清楚课程的六个要素就可以了。没有规定的模板，老师可以适当发挥，但需要注意度的把握。也有老师请学生来说几句。（以学生的视角来看课堂的教学实施）⑤说课视频中是否可以放背景音乐？平时在看视频的时候也会有不同的感觉，背景音乐也可能提升说课视频效果，相反，说课视频中的背景音乐也可能带来负面影响，我们建议老师根据实际情况来定是否需要添加。

（2）场地要求。说课的场地不限，可以在教室说，也可以在实验室说，也可以在办公室说。

（3）说课视频的拍摄要领及注意事项。①说课准备。PPT内容要求详尽正确、图文丰富、布局美观。事先多做讲演练习、确保语言流畅准确、把控时间长度10分钟以内。②外表。着正装、搭配齐整；无条纹和强反光；若抠像则装束避免蓝色、绿色；面部洁净不油腻；近视多准备几副眼镜。③沟通。注意与摄影师交流，表达上课习惯，肢体动作和手势偏好，录制内容有变化应及时交流，讲课状态不佳即时调整。④流畅。录制中讲课保持流畅；口误和口头禅注意避免；断断续续或者失误需要重录；思路不清时暂停，理顺后重来。⑤神态。表情自然、不紧张、不频繁眨眼；目光聚焦在镜头，不游移。⑥动作。身体不摇晃，可有手势但幅度不宜过大，避免不雅小习惯，控制紧张小动作。⑦节奏。适当停顿、段落分明、内容不拖沓、语调不拘谨、略带情感顿挫，语速控制在 200 字 / 分左右。⑧收尾。结尾陈述不仓促、保持凝视镜头几秒、表情自然或略带微笑。

第三节　网络课程建设与运行

一、课程内容建设

爱课程平台的教学内容包含教学视频、教学资料（PPT 教案、参考资料等）、随堂测验、课堂讨论、单元测验及单元作业、考试等。教学内容可以参考《MOOC 课程内容设计表》进行设计和记录，需要注意的是教学内容应保证各类教学资源知识产权清晰、明确，不侵犯第三方权益。各类教学资源的具体规范包括教学视频、教学资料、随堂测验及课堂讨论、单元测验及单元作业、在线考试及其设置。

（一）教学视频

（1）技术和拍摄要求。教学视频的时长范围尽量控制在 20 分钟以内，一般是 5~25 分钟。视频采用 H.264 编码方式，分辨率不得低于 720p（1280 × 720，16∶9）。通常情况下视频采用 MP4 格式，单个视频文件一般建议不超过 200M，以免影响播放效果。教学视频中音频要求清晰，无交流声或其他杂音、噪声等缺陷，以免影响教学效果。如果要制作课程简介视频，一般建议课程简介视频长度控制在 50~60 秒。在拍摄视频的过程中，画面中教师以中景和近景为主，要求人物和板书（或其他画面元素）同样清晰。一般来说，在拍摄过程中，不建议无教师形象的全程板书或 PPT 教案配音。录像环境应光线充足、安静，教师衣着整洁，讲话清晰，板书清楚。对于有些视频，根据教师的教学要求，可以增加视频的片头或片尾，这个可以由教师自己选择是否需要。但是需要注意的是，片头和片尾的总时长要求控制在 10 秒以内。一般一个教学单元内，如果有多个视频，建议只需要在第一个视频增加片头，在最后一个视频增加片尾即可。

（2）字幕文件与课间提问。为了学生能够更好地理解和掌握教师所上传的教学视频，可以为教学视频配上对应的字幕。字幕的文件应单独制作并单独上传，不能与视频合并。同时字幕为 UTF–8 编码的 SRT 文件格式。上传的字幕必须使用符合国家标准的规范字，不要出现繁体字、异体字以及错别字。教学视频一般是 5~25 分钟，时长超过 5 分钟的视频最好能够插入课间提问，条件比较好的课程，建议每 5~6 分钟插入一次提问。一般情况下，课间提问为 1 道客观题，题型可以是单选题、多选题、填空题和判断题，但是课间提问不计入平时成绩。

（二）教学资料

教学资料可以是课程教学演示文稿或其他的参考资料、文献等。通常情况下，演示文稿和其他格式文档需以 PDF 文档的格式上传，也可使用爱课程平台提供的富文本编辑器在线编辑。例如：每个授课单元的 PPT 教案，可以放在该单元教学内容的最后，供学生下载学习。

（三）随堂测验及课堂讨论

一般一个教学单元有多个教学视频，各个视频间可以添加随堂测验，也可以为整个教学单元添加随堂测验。随堂测验没有提交时间的限制，也不会计入学生的平时成绩，但是随堂测验可以方便学生即学即练，也便于教师随时考查学生对教学内容的理解和掌握程度。随堂测验一般由客观题组成，题型可以是单选题、多选题、填空题或判断题，平台自动判分。一份随堂测验可以由多种题型的客观题组成，题目数量没有限制。每个单元可以有一个或多个课堂讨论，需设定讨论的主题。课堂讨论是教学团队在教学单元中发起的讨论。教师可以选择将学生发言情况记入学生的平时成绩中，以激发学生积极讨论的兴趣，拓展学生的学习思维方式。

（四）单元测验及单元作业

为了让学生在线学习更牢固地掌握本单元所学知识，教师可以设置单元测验和单元作业。根据知识的具体情况以及学生的学习进度，单元测验和单元作业都必须设定提交截止时间。截止时间设定好后，一般情况下不要随意更改。教师可以将单元测验和单元作业的情况记入学生的平时成绩中，但是在发布前务必要确保所有题目和答案核查无误。

（1）单元测验。通常情况下，单元测验由客观题组成，平台自动判分，题型可以是单选题、多选题、填空题、判断题等。一份单元测验可以由多种题型的客观题组成，题目数量不限。教师可以对单元测验设置管理策略，例如：学生可以提交的次数，一般建议 2~3 次，有效成绩如何确定，可以取最后一次成绩或者是最好成绩，一般建议教师取最好成绩。题型中的填空题出题时要注意，由于填空题判分时有严格的字符比对规则，建议出答案为名字或数字的题目，否则影响判分结果。

（2）单元作业。单元作业一般情况下为主观题，采取学生互评或教师批改的方式进行判分。如果是设为学生互评作业，教师应该将评分标准或者标准答案上传到平台，供学生互评时作为评分的参考依据。采取学生互评方式，作业提交截止后的学生互评时间建议设为 7~10 天。为保证学生能够按质按量地完成单元测验和单元作业，一般要设定有效期。单元测验和单元作业的有效期以 10~15 天为宜。为保证注册较晚的学生能够获得证书，前两周作业提交时间建议设定为 30 天。

（五）在线考试及其设置

考试是检测学生课程阶段性或整体学习情况的正式测验题，可以包括客观题和主观题，题目的数量不受限制。考试题一经发布将不允许修改，发布前需确保考试内容核查无误。考试题的形式与单元测验和单元作业一致，客观题由平台自动判分，主观题采用学生互评或教师批改的方式进行判分。考试题学生只能提交一次，且有答题时间限制，答题时间由教师自行设置，一般情况设置在 60 分钟以内，该时间按平台的时间计算，即学生一旦开始考试，不论其是否关闭电脑，系统都将按平台的时间计时并按时结束。

二、新建网络课程

教师使用网络课程平台新建课程，必须先注册，以后每次使用时正确登录。同样，学生使用网络课程平台在线学习也必须注册、登录。

（一）爱课程平台新建课程

《教育部关于加强高等学校在线开放课程建设应用与管理的意见》（教高〔2015〕3号文件）明确指出："鼓励高校结合本校人才培养目标和需求，通过在线学习、在线学习与课堂教学相结合等多种方式应用在线开放课程，不断创新校内、校际课程共享与应用模式。"

"爱课程"网即中国大学MOOC（慕课）平台是教育部、财政部"十二五"期间启动实施的"高等学校本科教学质量与教学改革工程"支持建设的高等教育课程资源共享平台。该平台承担国家精品开放课程的建设、应用于管理工作，旨在利用现代信息技术和网络技术，推动高校教育教学改革，提高高等教育质量，以公益性为本，构建可持续发展机制，为高校师生和社会学习者提供优质教育资源共享和个性化教学服务。

"爱课程"网集中展示"中国大学视频公开课"和"中国大学资源共享课"，并对课程资源进行运行、更新、维护和管理。该网站利用现代信息技术和网络技术，面向高校师生和社会大众，提供优质教育资源共享和个性化教学资源服务，具有资源浏览、搜索、重组、评价、课程包的导入导出、发布、互动参与和"教""学"兼备等功能。爱课程网是高等教育优质教学资源的汇聚平台，优质资源服务的网络平台，教学资源可持续建设和运营平台，致力于推动优质课程资源的广泛传播和共享，深化本科教育教学改革，提高高等教育质量，推动高等教育开放，并从一定程度上满足人民群众日趋强烈的学习需求、促进学习型社会建设。

（1）建立新课程。新课程的建立由各高校管理员创建，普通老师或课程负责人的账号无此权限。高校管理员负责发布和维护学校页面、开设新课程、创建新学期和管理本校老师信息。高校管理员账号登录后，在昵称下拉菜单中会出现“高校管理后台”，点击进入。

点击左侧栏“课程管理”进入页面后点击右上角，点击“创建新课程”依次填写。

在创建新课程时，课程名称不得超过25个字，课程编号如果与学校课程相同，直接可以填写学校的课程编号。依次填写完成后，点击“保存”，即完成创建新课程，新建后的课程会依次排列在页面的下方。新课程创建完成以后，也可以在课程信息栏中对课程名称和课程编号进行修改，在对应课程信息栏中点击课程名称旁的铅笔图标可修改课程信息，包括对课程名称和课程编号进行更改。课程名称和课程编号可以随时修改，但是需要注意一旦修改保存，则该课程下的学期名和编号将会同步更改。

（2）建立新学期。高校管理员创建完新课程后，在课程列表中找到需要建立新学期的课程，点击对应的“+创建新学期”按钮。

（3）课程团队的建设和设置。由高校管理员指定的学期负责人账号登录后，将鼠标移动到右上角头像处，在账号下拉菜单里点击“课程管理后台”。在团队设置页面可以输入老师账号添加学期授课的老师，也可输入注册账号指定学期的助教人员。点击“保存”后即完成了团队设置，被设置成学期团队的老师账号登录后都可进入到学期的发布后台，可以对学期进行编辑和查看，权限等同于学期负责人权限。被设定成学期团队的助教账号拥有“课程管理后台”权限，可以编辑除“课程团队”信息外所在学期的全部信息，在论坛中有特定的助教身份标识。

（4）发布老师官方主页。老师账号登录后，将鼠标移动到页面右上角用户头像处，在出现的下拉列表中选择“老师主页”。老师主页发布完成后，可点击查看、修改、确认发布效果。老师官方主页的发布需要由老师账号本身发布，课程负责人没有发布其他授课老师官方主页的权限，但是高效管理员有修改和发布其他授课老师主页的权限。

（5）发布学期介绍页。学期介绍页是学期开课前的预告页面，页面发布后学生就可以报名课程。学期预告页的发布必须完成老师官方主页的发布和学期介绍页的发布，才能发布学期预告页。发布学期介绍页的具体步骤是：①学期“课程团队设置”中所有授课老师的官方主页已发布，然后点击“内容—课程介绍页”编辑录入相关预告信息。②填写完毕后，点击“保存”，然后点击“预览”确认无误后，再点击“发布”，学生即可查看到该学期介绍页。③发布后如需修改课程介绍页，返回到发布后台修改后再次点击“发布”，前端就会更新相关信息。如果只是“保存”未“发布”，那么修改的信息不会被同步到前端用户页面。同时，老师不可修改“开课时间”，如需修改开课时间，需要联系高校管理员进行修改。

（6）发布学期课程学习页。学期学习页是学生进行课程学习的主界面，承载教学、讨论活动等一切课程相关的活动，系统将在开课时间读取开放给学生。开课时在发布学期学习页之前，老师必须已录入发布欢迎公告、评分标准、第一章节课件（包括第一章的单元测验和单元作业）和已经设置好学期论坛。

在一门新课程开课时间到之前，一般建议老师先设定并且确认发布好具体内容：包括设置第一条欢迎公告和欢迎邮件；发布学期的评分方式；发布第一章节或第一周的教学内容；设置确认学期论坛结构。在开课前，录入相关信息的过程中，老师可以点击“预览”查看、修改、确认发布的情况。

（二）学银平台新建课程

教师在超星泛雅平台进行课程建设，首先要建立课程的名称。教师登录超星泛雅的网址，输入已经注册好的用户名和密码，进行登录。登录后，进入如下界面。首先点击“课堂”，再点击“我教的课”，点击如下“+”，再点击右上角的“创建课程”，可以开始课程的创建。课程建设主要包括三大部分内容：创建课程框架；完善课程门户；编辑课程内容。

（1）新建课程。完善课程名称、教师、说明基本信息，开始下一步。

（2）上传课程封面。教师可从平台已提供的模板中选取图片，或者点击“上传文件”按钮上传其他图片作为课程封面。

教师可根据具体的教学安排选择按章节和课时自动生成单元，或者不自动生成单元，此时个人空间会显示创建好的课程。

（3）完善课程门户。点击课程名称旁边的“课程门户”按钮，对课程门户进行完善。

（4）上传“片花”。可上传一个不超过 3 分钟的课程宣传片。课程宣传片简单地介绍课程的教学内容，使学习者对课程有个大致的了解。

（5）教师团队设置。如果一门课程由多位教师共同建设，课程负责人可添加教师团队信息展示在课程门户上。

（6）“教学方法”“参考教材”设置。课程门户信息还包括教学方法、教学目标、课程特色、参考教材、学情分析、服务对象、课程简介、课程收获和学习人群等。教师可以添加文字、图片、视频、文档、图书等形式。可根据展示需要进行修改名称、删除、移动、添加栏目的操作。

（三）开课前的准备工作

（1）课程团队成员网上注册、登录。所有课程团队成员必须在“爱课程”网注册，登录后需完成“实名认证”，其中历年参加过国家精品资源共享课程建设的团队教师无须注册，使用之前申报时的账号即可直接登录“爱课程”网，初次登录后需要完善个人信息；课程团队成员登录后访问“中国大学 MOOC”平台，并查看任何一门上线课程，完成账号激活。

（2）课程负责人组建课程团队。为了保证在线课程的教学质量和教学效果，课程负责人自行组建课程团队，包括其他讲师和助教，课程团队的所有人员须均已在“爱课程”网上完成注册。

（3）创建教师官方主页。课程负责人和课程团队成员的官方主页如果未创建，课程介绍页将无法发布。所以在课程介绍页发布前必须要确保团队成员的官方主页已创建。官方主页可以让学习者对课程团队的每位教师有初步的认识和了解，更易融入教师的课程。

（四）发布课程介绍页

课程介绍页是课程正式开课前的预告页面，主要包括课程基本信息（课程名称、所属大学、课程分类等）、教学安排（开课时间、课程结束时间、学时安排）、课程介绍（课程概述、教学大纲、证书要求）以及预备知识和常见问题等。“教学大纲”是指与在线开课相匹配的大纲，应给出每个教学周或每个教学讲（章）的教学安排，有别于学校课堂教学的大纲。“证书要求”是指不管采用何种计分或考核方式，学习者学完课程可以拿到证书的明确要求。

课程的试看视频：教师在课程介绍页上传课程的试看视频，让学员通过试看视频初步了解课程的基本情况、教师团队情况等。

（五）首次发布课程学习页

课程学习页是学习者主要的学习场所，将在开课时间发布。开课时学习页必须有欢迎公告、评分标准、第一周教学内容、课程论坛。

（1）发布公告。包括开课公告和日常公告两种。开课公告：可以在开课时给学习者发一个欢迎公告；日常公告：可以定期或随时向订阅该课程的学习者发布课程动态、课程计划、课程配套资料、课程活动通知及课程补充信息等，并支持以邮件形式同步通知，以确保每个学员能够收到公告的消息。

（2）发布评分方式。评分方式页面包括评分标准、题型设置、总分设置及证书设置三大模块。①评分标准：教师可以对课程考评标准做出详尽描述，这是学习者了解该课程成绩评定以及证书发放的主要途径。②题型设置：教师可以对主观题和客观题进行设置。它们将用于单元测验、单元作业、课程考试的编排。③总分设置及证书设置：是对课程考评的整体规划和证书发放设计，其中证书设置仅限课程负责人有权限设置。

（六）课程工具应用

（1）发布教学单元内容。教师可以按学习周或者讲（章）的形式组织、发布教学内容，包含教学视频、课间提问、教学资料（PPT 教案、参考资料等）、随堂测验、课堂讨论、单元测验及单元作业、考试等。发布完教学单元的内容后，教师需要根据课程教学进度，实时发布课程公告，告知学习者课程的教学内容、单元作业及考试的开始与截止时间等消息，为了让每位学员都能及时获得公告信息，一般建议采用邮件形式同步告知。

（2）设置论坛结构。设置论坛结构中包含了讨论区结构、讨论区公告、讨论区关闭设置三大模块。课程讨论区是教师与学习者最好的互动区域，精心为教师设置了“教师答疑区”“课堂交流区”“综合讨论区”和“精华区”四个论坛板块，同时教师还可以根据需求添加其他板块以及子板块。

（3）课程日常更新与维护。课程发布后，随着教学的推进要及时对课程进行维护与更新，主要包括：配合教学进度要求定期发布公告，有内容预告、单元导学、催交作业等；及时发布新的教学单元内容，通常应提前一周准备好相关的教学内容提交到 MOOC 平台，并设定好自动发布的时间；维护课程讨论区各板块，以保证课程教学中的问题得以及时解决。在课程开课前，如教学安排出现重大变化，不能按期开课，应提前 30 天书面告知“爱课程”网，以便平台及时调整。课程开课后，如发现内容错误应及时更正，保证教学内容的准确性。

（4）课程结构管理。在线开放课程能否达到较好的教学效果，课程结构非常关键。为了让学生能有规律地去学习线上课程，原则上按周设计教学单元。课程持续时间建议不超过 14 周，超过 14 周的课程建议开成两门课，高校的一些基础课程学时多，在 14 周内不能结束课程，如大学英语课程学时多，那么可以考虑开设大学英语（一）和大学英语（二）两门课程。课程结构设置为两级，各级编号均可自主编写（也可无编号）：第一级结构仅包括标题，以及单元测验或单元作业；第二级结构下包括标题、视频、课堂讨论、教学资源、随堂测验等各类教学内容。二级结构的标题可自主编写，每个二级结构中可以包含多个视频文件和其他类型的教学资源，数量不超过 15 个，以 1~2 个学时的课堂容量为宜。教师可根据自己的习惯和教学安排，对教学内容自由排序。①按周发布课程。如果课程的教学内容按周发布,且每周仅发布一次,建议课程的一级结构按“周”命名。②按“讲”发布课程。如果课程的教学内容不能严格保证每周只发布一次,例如每周要发布多次,或者隔周发布等,建议课程的一级结构以“讲或章”命名。

（七）创建课程内容

网络课程的教学内容是教师实施教学、学生开展学习的支持材料。教学内容的呈现既要完善、有序,还要兼顾网络教学的特点。教学内容是构建课程知识结构的最主要载体,在设计网络课程的教学内容时,应注意以下几个关键环节：

（1）确定内容来源。网络课程内容应具有科学性、系统性和先进性,表现形式应符合国家的有关规范标准,符合该课程的内在逻辑体系和学生的认知规律。课程中应提供正确的学科内容、完整的知识结构体系,应选择切合实际需求,能反映本学科最新发展动态的教材等。一般来说,网络课程的内容主要来源于：①教材。教材是教学内容的主要来源,教材是教学内容的有机组成部分,而不是教学内容的简单堆砌,教材应该能够把一门学科的基本概念、基本原理、基本技能要求提炼出来,形成一个具有逻辑性、系统性的知识系统,使之有利于学生对知识的理解与迁移。②配套的练习册。练习册是选定教学内容后,诊断与巩固教学内容的测验试题的集合,是教材的重要组成部分,在选择教学内容时,要切合实际需求,反映学科最新发展动态,对于那些已经过时的内容要坚决地删除。

（2）组织教学内容。网络课程的教学内容在组织时应根据教学大纲的要求,科学地选择,合理地组织。一般需遵循如下原则：①课程内容模块化。模块的划分应具有相对的独立性,以知识点或教学单元为依据。这样可以使课程内容结构合理,导航明确清晰。②教学单元完整化。一般一个教学单元应该包括学习目标、教学内容、练习题、测试题、参考的教学资源、课时安排、学习进度和学习方法说明等。③关键知识多元化。对于关键问题和疑难问题要提供多种形式和多层次的学习内容,根据不同的学习层次设置不同的知识单元体系结构。④组织结构开放化。组织结构上要能开放，可扩充，便于课程内容的更新。课程结构应为动态层次结构，而且要建立起相关知识点间的关联，确保用户在学习和教学过程中可根据需要跳转。⑤内容表现多样化。课程内容要根据具体的知识要求采用文本、声音、图像、动画等多种表现形式。

（3）上载教学资源。网络课程应该有丰富的资源来支持教师的教和学生的学，以利于学生进行研究探索，促进学生的多面思考，满足学习者的个性化需求。在网络课程中，教师不仅要提供课程主体教学内容，还需要提供相应的教学、学习资源，例如：学术论文、专家讲座、研究工具以及相关网站链接等，为学生提供充分的学习资料，引导学生学习。

（4）添加多媒体素材。在网络教学中，教学内容常常通过多媒体形式表现，形成一个图文并茂、有声有色、生动形象的符合教学需求的多媒体课程。多媒体技术不仅有助于教师更好地呈现教学内容，也有助于加深学生对学习内容的消化与吸收，激发学生的学习兴趣与动力。由于不同的媒体的表达效果不同，而且教学目标、教学内容和学习对象等的差异，也会对媒体的选择产生影响，因此教学媒体的选择需要遵循内容符合性、目标性、对象适应性、首选性等原则。此外，在网络课程中不能从头到尾只采用一种媒体表现形式，需要根据不同的内容采取不同的表现形式，注重内容呈现的多样性，发挥网络教学的优势。可适当采用图片、配音或动画来强化学习效果。但多媒体素材的运用并非越多越好，要避免与教学内容无关的、纯表现式的图片或动画。在中国大学 MOOC 平台，可以添加多种媒体文件以满足不同的教学需求。教师可以根据教学需要上传不同格式的教学资源，增加教学内容的表现形式。

三、课程运行管理

（一）管理课程资源

课程内容建设完成后，需要对内容进行管理，主要是教师对课程内容的添加、修改、删除等更新操作。中国大学 MOOC 平台上，教师可以方便地实现内容的更新和管理。可以利用的工具包括：修改编辑、删除、复制或移动内容；选择性发布内容；浏览状态；用户进度；统计追踪。在课程内容创建以后，教师可以对内容进行更新、教师可以修改原内容、删除不需要的内容，还可以复制或移动内容，将其放置到相同课程中的不同区域或不同的课程中。利用发布内容工具，对修改或删除的内容进行发布。教师也可以创建一些规则来控制内容的发布，利用这些规则，教师可以控制内容项对用户的可见性。例如：教师希望某些内容项只开放给特定的用户，或者教师希望某个内容项只在某个时间段开放给用户等，都可以利用这个发布内容的工具来实现。发布规则是由一组定义内容项是否对用户可见的条件组成，条件是规则的组成部分。这些条件包括可见的日期和时间、用户、任何成绩簿的得分或尝试，或课程中另一个内容项的复查状态。当然必须在内容项可用的大前提下，内容项才对用户可见。

（二）开设和使用教学讨论区

（1）网络课程中交互的类别。按照不同的分类方法，可以把网络课程中的交互分为不同的类别：①从交互的对象、内容以及知识的获取方式来看，网络教学过程中的交互可以划分为人际交互、与学习系统交互和自我交互。人际交互通常是指教师与学习者、学习者与学习者之间的信息交流方式，它是我们经常使用的一种交互方式。与学习系统的交互指在网络教学过程中，学习者使用各种工具和技术来存取学习材料和沟通教育者、学习者。自我交互指学习者个人的知识的获取总是与学习者已有的知识结构进行整合或重构产生的，与个人内心思维反应联系在一起的过程。②从交互的时间特性来看，主要有同步交互与异步交互。同步交互是实时的，教师的教学活动与学习者的学习活动同步进行，保证了教学信息和情感信息的同步传输，如双向视频会议系统、网络在线聊天、共享白板、BBS 和网络论坛、IP 电话答疑系统等。异步交互是师生不同步的交互，可以使学生有足够的时间去消化别人的观点并整理组织自己的观点，可以引起较深层次的讨论和同伴的反应，如电子邮件、COD 交互、FTP 文件传输等。③从参与交互的人数来看，主要有自主式交互、一对一交互、一对多交互、多对多交互等。根据人数的不同，交互的效果也会有所不同，人少比较有针对性，但多人交互容易产生共鸣，有时会有头脑风暴的效果。

（2）网络课程中交互的特点。①开放性。在网络环境下，学习者几乎不受时间和空间的限制，可随时随地与教师及同伴进行信息交互，信息反馈可以实时也可以非实时。②多样性。网络课程的信息形式、交互内容、交互手段、交互对象都具有多样性，为课程的交互提供了多种可能。③自主性。基于网络的多媒体教学使学习者拥有充分的学习自主权，学习者可以对交互的速度、时间、地点和交互方式做个性化设定。④延迟性。由于网络传输的原因，网络交互中文本、语言、视频等交互信息的产生和接收会产生一定的延迟，不可避免地影响到对信息的加工、理解和反应。

（三）发送公告和收发电子邮件

网络课程中可以为用户提供同步或异步交流的工具，除了讨论板外，还有电子邮件、数字收发箱等。

（1）网络课程主要交互工具。①电子邮件。电子邮件是因特网上人际交流中最广泛使用的一种方式。它具有简易、快速、经济的特点。它使文字与图像相结合，丰富了交互内容。电子邮件同时提供一堆多的信息传递。由于 E-mail 方式具有异步交互的特点，给了交互双方足够的思考时间，师生可通过这种方式交流更深层次的问题。但是电子邮件的内容不利于学习者共享。② BBS 讨论区。以 BBS 为核心技术的讨论区有各种各样的界面和形式，但对交互的本质意义基本是相同的。在实际教学过程中讨论区通常作为异步交互系统使用，它只支持多点对多点的交互，是完全开放的系统，每个人都可以自由发言。③ IM。即时消息，即时指发送人在发送消息后，接收人可以马上接到消息并及时做出答复，它是在 Internet 和 Intranet 上一种非常流行的通信手段。④ Blog。Blog 是网络上的一种以日记方式记录的形式，它是继 E-mail、BBS、IM 之后出现的第四种网络交互方式。

⑤聊天室。聊天室是实时交互系统，支持一点对一点的交互和多点对多点的交互，并支持文本、图形和声音。⑥视频会议。网络视频会议系统利用网络媒介把学习者联系起来进行视频交流，而且是声画同步，像真实的课堂对话一样。

（2）网络课程的交互因素。网络环境真互动与交流活动的有效进行既受学习者主观因素的影响，也受网络环境等客观因素的影响，具体说来影响学习者互动活动的主要因素包括：①学习者认知心理。在网络学习互动活动中，学习者是学习的主体，是学习活动的积极参与者，学习者当前的认知水平、认知需要与学习动机，直接影响到学习者进行交互活动的参与程度。所以在网络教学设计中，让学习者获得新颖翔实、满足认知需要的学习内容，自始至终集中注意力参与到整个交互活动过程中是取得良好学习效果的重要因素。②学习者的情感。学习者参与互动交流活动的兴趣、学习信心也是影响互动活动的重要因素，在基于网络的活动中，缺乏人与人面对面交流的环节，学习者在虚拟环境中进行探究交流，有时会因缺乏兴趣或遇到困难不知所措导致信心不足而主动放弃。③网页界面以及交互方式。网页界面以及交互方式是影响交互活动的外部环境因素。学习者自身知识的建构是在一定的学习情境中发生的，良好的学习情境是激发学习者参与探究学习与交流的重要因素，在网络学习环境中，具体体现为网页界面的艺术性、独特性、生动性、网页内容的丰富性，以及给学习者提供交互方式的灵活多样性。④网络的传输速度。在网络教学环境中，互动活动的速度反应在互动活动是否及时上。能否保持信息双方信息反馈交流得顺畅、及时，是决定能否取得良好的学习效果的关键所在。快速及时地获得所需的信息，会使学习者增强学习信心，提高学习的积极主动性。

（四）单元作业的设置与发布

单元作业既是教师教学活动的一个重要环节，又是学生学习过程中的一个重要的组成部分。学生通过做作业可以对所学的知识加深理解、增强记忆、加以巩固；同时，学生的作业给教师提供了教学的反馈信息，作业在沟通教与学双方的过程中起到了促进的作用。因此，教师应该从多样性、兴趣性、层次性、综合性等多方面设计作业，引导学生由“要做作业”向“喜欢做作业”转变。

（1）单元作业的形式。除了一般的书面作业外，作业的形式还可以有以下几种：①预习式作业。如在学习新的内容之前可以拟几道与新内容有关的思考题让学生思考，学生可以在课外利用书籍资料和网络资料查找答案。②活动式作业。作业以活动的形式呈现，可以根据所学内容设计富有创意的活动，对于激发学生的学习和求知兴趣有很大的好处。③互动式作业。这种作业形式在网络上可以更好地体现。可以让学生利用发帖的形式对某个主题进行非实时的交互，也可以用聊天工具进行实时的交互。学生可以自评、互评，教师可以指导和点评。④发现式作业。一个单元内容结束后，教师可以布置这样的作业：“学过这个单元后，你还可以发现什么问题？请就你发现的问题进行思考。”通过这类形式作业的布置，可以培养和提高学生的创新思维和实践能力。⑤开放式作业。这种类型的作业是完全开放的，如布置学生在课外进行开放式阅读或开放式研究等，可以不受时间和空间的限制，培养学生的生活实践能力。⑥反思式作业。反思不仅仅是反思错误，尤其是对于成功的经验进行总结。在每一次阶段性测验的时候，教师布置这类形式的作业是非常有必要的。⑦管理式作业。知识是一个系统，前后知识间都有着内在的必然联系，教师可以通过此类型的作业让学生对知识进行阶段性的整理，完成知识的积累，打下坚实的基础。

（2）单元作业的布置。教师根据课程的进度和学生的实际情况，对作业做出选择，其基本依据主要有以下几个方面：①新旧知识的联系。作业既可以用来巩固旧知识，又可以用来导入新知识。新旧知识适当兼顾可以降低作业的难度，使学生更易于接受。②多样式的作业形式。作业内容与形式变化要切合学生实际，保证学生在作业中的积极学习态度。通过不断地改变形式和内容，让学生的积极性保持在良好的状态。③循序渐进地安排。一组作业中，难度要按从易到难的顺序排列，循序渐进地安排作业对学生后续学习更有帮助，当然有时候也可以穿插进必要的跳跃。④部分与整体结合。将学习难点分解开来，系统地规划分步骤地练习。在学生对若干个具体问题作答后，再进行一次整合。这样，学生会受到方法上的潜移默化的影响，从而掌握综合任务分解技术。

（五）章节测验的设置与发布

（1）教学测试的种类。测试是课堂教学质量评价的一个重要组成部分，不同的评价应使用不同的测试。教育评价和测试一般有以下几种分类方法：①从参照标准区分。分为绝对评价和相对评价。绝对评价的标准，建立在评价对象所在团体之外的客观指标，一般以教学目标为标准，具有一定的稳定性，不随参加评价对象的不同而随意改变。相对评价的标准，建立在评价对象所在团体之中，一般以某团体学生的平均水平作为标准，与参加评价的对象有关，随参加对象的不同而浮动。②从评价的目的区分。分为诊断性评价、形成性评价、总结性评价。诊断性评价一般是在学习开始之前进行，了解学生进入下一阶段学习的准备状态，确定学生原有基础。形成性评价是在教学过程中进行，及时把握学习现状，为后一步教学计划指明方向。总结性评价一般是在教学过程告一段落时进行，检查学生这一阶段的学习成就，做出一个总结性的结论。

与绝对评价和相对评价相对应的测量工具是目标参照测验与常模参照测验。目标参照测验为绝对评价提供数量化信息，因此它的主要功能是检查学生达到教学目标的程度。越是能精细地分辨出这个达标度，就越是一个好的目标参照测验。常模参照测验是为相对评价提供数据的，它的主要功能是区分学生学习的好、中、差，决定每个人在团体中的相对位置。要达到这个目的，就需要尽可能地拉开一次测验分数的全距（最高分与最低分的差距）。这两类测试，由于他们分别属于不同的评价标准，因此在测量目标的选择、试卷的编制、评分结果的表示方法等方面都有所区别。与诊断性评价、形成性评价、总结性评价的相对应的测量工具是诊断型测验、形成型测验与总结型测验。这三类测验的不同点主要在于它们的规模大小不同，测量的目标不同、实施时间不同。

（2）教学测试的注意事项。中国大学 MOOC 平台属于一种在线学习方式，教学测试应发挥其诊断学习障碍和指导学习的作用，使在线学习更好地体现“过程性”。测试时需要注意以下几个方面：①尽量避免有过多的死记硬背的知识，应多注意思考与应用方面的问题。②设计测验题目时，应考虑布鲁姆的教育目标分类学理论，考查认知领域的各个级别，如知道、理解、应用等。③测试题目应根据教学内容、教学目标等来创建多样的题目形式。④测试前需要告知学生测试内容、形式、时间等，给学生复习准备实践。⑤及时评定成绩，让学生对自我的学习情况及早了解。

（六）考试设置与成绩评定

考试可以为师生提供教与学的反馈信息，可以促进教师发现教学存在的问题，得出经验教训，获得今后的教学对策，这是考试分析的关键，也是教学的重要环节。现代的考试，应该从多元、主体、开放的评价理念出发，以促进学生发展为本，逐步建立评价内容多元化和评价方法多样化的学业成绩评价体系，对学生的作业作出恰当的评分，合理地评价学生的学习成绩。

（1）考试设置的注意事项。①依据课程目标。课程目标是一切教学活动的方向，应根据实际的课程目标来评定学生的测验或作业。②建立特定的标准。建立一个特定的标准和尺度，帮助学生了解自己需要掌握的知识和技能，并能在一定时间内对学生的学习进行评定，调整学生的学习动机，使学生能够不断从自己的错误中吸取教训。③全面完整，重点突出。教师要善于发现问题，正确分析原因，从而根据评定结果制定下一步教学方法。④定性与定量相结合。统计指标要明确易理解，信度高，又要便于统计，公式较简单。⑤实事求是，客观明了。不虚夸，不加个人色彩。

（2）试题分析。试题分析是对试卷题目的分析，一般包含以下内容：①试卷结构。包括试卷内容比例、题型比例、分值、层次要求、试卷长度等，可用双向细目表或分值分布表表示。②试题统计分析。包括试题覆盖率，分小题统计的试题难度、试题识别度、试题特点和试题存在的错误与问题等。③试题详析。对于典型试题要进行详细分析，包括本题的考查内容和特点，应答方法技巧、试题得失分率、得失分原因等。

（3）成绩分析。成绩分析是对考生群体成绩进行的分析，可以反映考生的总体情况，一般包括以下内容：①成绩统计。最高分、最低分、次数分布和累积次数分布、集中量数、差异量数、及格率和优秀率、个体排序和单位排序。②根据答错率找出主要错误题目，进行其错误原因分析。③通过学生的成绩对所处试题的整体质量进行分析，包括对试卷的信度、效度和试题的难度、区分度、识别度等的分析。

（4）发布考试。客观题部分和主观题部分的考试均编辑完成，务必确认考试总分与两部分成绩相加的总分一致。教师也可以设置仅出现一种题型，主观题或者客观题，设置完后保存。设置完成后，先点击该页面下方绿色按钮“预览”，对考卷进行全局预览。如有错误可以回到界面点击灰色按钮“编辑考试内容”对考试继续修订，修订结束后进行保存并进行再次预览。确认无误后进行点击绿色按钮“发布”，正式发布考试。由于考试是计分内容，一到发布时间将不允许再修改。教师在发布前需谨慎通过前端“预览”系统最终发布效果和核对后端录入情况“查看题目”核对内容，若需修改需要在设定的发布时间前修改。如果已经发布的考试中存在错误，教师可以在学期论坛提醒，或者通过公告的形式说明具体情况。

（5）批改作业。作业有两种批改方式，包括学生互评批改和老师批改评分。老师可以在新建章节作业中设置作业的批改方式。学生互评批改是在作业提交时间截止后，学生相互批改同学的作业，取中位数作为该作业的最后得分。老师批改评分时在作业提交时间截止后，老师直接对作业进行评分，一般适用于课堂人数较少的情况。①学生互评批改。自评互评功能可以促使学生更好地理解评分标准，促进学生之间的建设性反馈、完全客观的反馈。具体操作方法:单元作业发布后,可在“工具—查看课程数据”处查看课后作业的批改状态。当评分方式为学生互评时，老师可进行的操作同老师批改方式。学生互评批改方式下，老师也可通过查看学生的卷子情况，进行直接批改修改成绩，学生看到的成绩结果以老师评改为准。学生互评批改是取中位数，若一个学生的作业未被评分 3 次以上的，因系统不能自动生成中位数，所以将会无成绩，需要老师直接评改。一个作业下的所有学生都已被评有成绩的情况下，操作“确认成绩”按钮才公布成绩成功。②老师批改评分。与学生互评批改相似，当单元作业发布后，可在“工具—查看课程数据”处查看单元作业的批改状态。由老师进行评分的作业，老师可以点击“刷新”，更新最新的成绩信息，点击“查看”按钮查看各学生个体得分情况。点击各学生昵称右侧对应的“查看”按钮，可前往该学生的答题页面查看具体答题情况。若老师还未进行评分，则作业得分数据为空，老师可点击右侧“重新评分”按钮进行打分。填写答题的可得分数，评语，点击“提交”即完成了对该学生的评分。更新及确认成绩无误后，点击“确认成绩”按钮，发布作业成绩。所有用户都已经被评有成绩的情况下，“公布成绩”才能操作成功。③自动评分。自动评分是指教师在出测试题时对一些选择题、填空题等有明确答案的题目设定正确的答案，如果学生选择的答案与设定的正确答案一致，则系统会自动评分（此题的成绩为教师设置的题目的成绩），如果与正确答案不一致，则自动评为 0 分。若要进行自动评分，则可在课程内容区添加一个测试，然后为测试添加题目，设定正确的答案即可。

（6）公布成绩。老师在“添加单元作业”时，需要设置成绩公布时间。作业截止提交后，老师前往“工具—查看课程数据”页面，查看学生互评状况，或者给学生作业直接评分。评分完成后，在相应的作业条目下点击“确认成绩”。若对学生成绩进行了一定的调整，则老师需要在更改后重新点击“确认成绩”，对成绩进行公布。

（七）学生成绩管理

成绩管理是教学管理的重要组成部分。做好成绩管理工作对于稳定学校的教学秩序，培养优良的教风、学风、考风，促进课程建设和教学改革，提高教学质量与教学管理水平具有极为重要的意义。进行成绩管理时，首先应对学生的成绩做整理统计，然后对考试成绩做统计描述与分析。

（1）评价体系建设。教学内容和教学方法的改变对评价方式提出了改革的要求，即要求将一次考试定终身的总结性评价改为注重学习过程考察的形成性评价方式，我们增设了对作业、作业互评、讨论的评价和各章节的阶段性测验。同时，作业互评也为学生增加了一次向他人学习的机会。其中，客观性的评价主要通过阶段性测验来实现；主观性评价则从作业、作业互评、讨论、课上表现等来实现。这种评价的优点是：客观、公正、全面、可比性强，充分发挥教学评价在教学中的正面导向作用，激发学生学习的动机，激励学生自主学习的兴趣和热情；教师可获得有关学生学习情况的反馈，不断改进教学；学生可以了解自己的学习情况，主动参与每一项学习活动，争取点滴进步，逐步形成良好的学习习惯，促进自己更好地发展。对于学校的混合式教学，我们则采用形成性评价 + 总结性评价的方式，利用形成性评价最大限度地调动学生学习的主动性、创造性和积极性。同时,将总结性评价建立在形成性评价的基础上,与形成性评价相结合、相互补充，以此保证评价的真实、准确、全面。

（2）考试分数的收集整理。对于考试分数的收集整理一般主要进行以下几个方面的工作：①收集和整理考试分数。主要是指收集学生成绩、学生各题得分、各题的正确答题情况。考试分数的整理一般采用直方图、曲线图、折线图等来描述。②分析分数特征。一般采用集中量数、离中量数、相关量数、标准分数等来进行分析。③解释原始分数。主要采用正态分布比例、常规参考分数、标准参考分数等来解释原始分数。

（3）考试试题的分析。除了了解成绩分数以外，还需要对试题进行分析，主要指标包括：①难度分析。包括平均得分率（通过率）、难度系数、极端平均得分率（通过率）、极端难度系数、难度指数等。②试题的区分度分析。区分度又称鉴别度，指某试题区别学生学习的知识和能力水平差别的能力，即该试题的得分与学生实际水平的相关程度。③目标参照分析。

如教学敏感系数，即测量教学目标实现的程度。识别度，即识别学生达到合格与否的能力等。

（4）考试分析与评价。对于考试综合分析与评价的指标主要包括：①误差分析。考试结果与教学目标之间的差距分析。②考试效度分析。如内容效度、目标关联效度、构造效度等。③考试信度分析。考试的可信程度表明了测量结果的一致性、重复性。常用测量方法有重测法、复本法、重测复本法、折半法等。

四、课程管理工具

（一）查看课程数据

老师依次点击“工具—查看课程数据”。课程总数据显示测验、作业、考试的相关信息,其中测验只提供查看,作业与考试除“查看”外还提供“刷新”和“确认发布”的按钮。点击各单元测验对应的“查看”按钮，可以查询该测验中学生个体具体得分情况。在原页面查看单元作业批改状况。点击“刷新”更新批改进度。若互评方式是老师评分，则老师点击“查看设置”了解学生的作业提交情况并且给每个学生的作业进行评分。若批改方式是学生互评，老师也可以通过“查看设置”，重新为学生评分。待单元作业批改完成后，老师点击“确认成绩”按钮后，学生可以在作业页面查看到自己的分数。点击“查看”跳转到前端页面查看。

再点击该页面的“查看”按钮，可以看到学生测验和作业的得分情况。在该界面还可以了解学生作业的完成情况，查看学生的成绩。点击“评分”按钮，跳转到老师评分页面，老师只能针对主观题评分。批改方式为“老师批改”方式的课程作业，点“评分”统一跳转到“作业老师评分页面”。已有分数的单元作业则显示“重新评分”。没有分数的单元作业，学生成绩统一用“?”表示。当系统检测到该单元作业还有学生没有成绩（成绩为“?”状态）则确认成绩按钮为灰色状态，不能使用。需要注意的是，单元作业和课程考试只有“确认成绩”后，学生才能看得到自己的成绩。

老师依次点击“工具—学生成绩管理”，进入学生成绩管理界面，查看所有学生个人数据。在教师确认成绩之前，系统每24小时会自动更新一次数据，如果有新成绩发布或修改了计分规则，可点击“重新计算总分”，重新计算总分的过程大概需要20分钟。修改了总分后需要提交审核，经项目编辑审核通过后才可确认成绩，发布证书。在成绩确认总分是可以反复修改提交的，一旦成绩确认后，所有成绩将被锁定，不可进行修改。在成绩生成后（由公式自动生成），如果更新了评分规则或有其他特殊情况，例如添加课程讨论为计分项时，需要对已有的学生成绩重新计算总分。老师在学生成绩管理页，点击左上方“重新计算总分”即可重新计算成绩。在成绩提交审核之前，可以查看考核通过情况统计报表，核查如果没有问题，点击“成绩提交审核”按钮。成绩审核通过后才能确认成绩，在点击确认成绩之前，一定要检查所有参与计分的测验、作业、考试成绩都已公布，再确认成绩。成绩确认只可操作一次，一旦确认后，所有学生的成绩将被锁定，无法再对计分设置、学生成绩进行重置或修改。点击学生个人数据“查看”按钮，跳转到学生个人的成绩管理页面，可浏览每个学生的测验、作业、考试成绩，例如学生刘婕的个人分数管理界面如下。点击“修改总分”按钮可以对每一题的总分进行修改。在学生个人得分界面可看到该学生在不同计分项的得分情况，点击“查看”可查看不同类型的答题记录，点击“重新评分”可对单个学生进行重新评分，点击“确认并返回”按钮即可返回至学生数据管理页面。讨论成绩由系统根据设定自动生成，不能查看讨论成绩，章节测验与单元作业不包含不参与计分的内容。学生个人得分列表显示的是学生的最后总分成绩，而且最后总分成绩根据成绩公布情况以及积分规则的变动发生变化。

（二）查看统计报表

统计报表通过直观图表反映学生参与课程的情况，为高校管理员、课程团队及运营编辑等多方提供以课程为单位的数据，帮助课程管理者及时了解课程学习群体整体情况，能够为课程建设提供决策的依据。老师可以从“课程管理后台—发布内容”进入课程内容发布界面，通过“工具—课程数据统计”即可查看课程数据统计报表。但当课程结束后，数据监控将暂时关闭。

（1）课程趋势。通过“课程统计”区域，教师可以生成有关课程使用情况和活动情况的报告。教师可查看特定学生的使用情况，以确定该学生是否正在使用课程。课程统计的数据来自学生对内容的点击量。爱课程平台课程数据统计包括课程趋势、课时 / 测验 / 作业、讨论区等模块。其中课程趋势模块可以显示“选课人数趋势”“退选人数”“累计参加人数”“退选总人数”四项实时更新的数据，教师可以通过切换数据标签按钮观察四项数据的实时情况。课程趋势反映进入 / 退出某一课程的单日数据和总量数据，可被用于观察课程受关注程度，学习社区规模和学习者流失率，为课程继续开设与否、课程规则设定是否合理及课程团队规模是否需要调整等问题提供决策依据。

（2）学生学业情况统计。学业表现统计主要用于观察学生学习进度，显示学生是否已浏览特定的内容，通过“学业表现统计”区域，教师可以查看所有用户（学生和教师）对本课程的使用情况。课时 / 测验 / 作业板块包括每日学习人数和整体学习人数。其中每日学习人数板块有新增和总数两方面的实时数据。切换新增和总数两个按钮，可以清晰地看到每日新增的学习人数和每日的学习总人数。

（3）讨论区统计。讨论区包括主题数量（新增 / 总数）、回复 / 评论数量（新增 / 总数）、参与讨论人数、活跃用户列表四个模块。

（三）免费证书管理与发放

课程结束后，课程团队需要向成绩合格（含以上）的学生发送课程学习证书。课程团队中仅“课程负责人”所对应的账号具有设定成绩区间、制作证书和发送证书等全部权限。目前，证书分为“合格证书”与“优秀证书”两种。课程负责者可以在课程待开放状态到证书发出前的一个周期内的任意时间节点划分优秀、合格和不合格的分数线。当课程管理者执行完一次（含以上）“发出证书”的动作后，将不能对“证书设置”再次进行改动。

证书管理分为三个步骤，仅能由课程负责人的账号进行操作：①进入“设置—评分规则—总分及证书设置”界面设定颁发证书的分数区间；②进入“工具—免费证书管理”确认证书要求及合格学生；③进入“工具—学生成绩管理”界面确认学生成绩，同意发放证书。再进入“工具—免费证书管理—确认证书要求及合格学生”界面，根据优秀和合格名单查看证书和发送证书。

第四节　作物学一流课程建设实践

一、一流课程概述

（一）一流课程源起

一流课程也称“金课”，该提法来源于2018年6月21日教育部在四川成都召开的新时代全国高等学校本科教育工作会议，会上教育部部长陈宝生指出：“高教大计、本科为本，本科不牢、地动山摇。人才培养是大学的本职职能，本科教育是大学的根和本，在高等教育中是具有战略地位的教育，是纲举目张的教育。”他强调，对大学生要有效“增负”，要把“水课”转变成有深度、有难度、有挑战度的“金课”。要把沉默单向的课堂变成碰撞思想、启迪智慧的互动场所，让学生主动地“坐到前排来、把头抬起来、提出问题来”。会后，教育部于2018年8月22日发布了《关于狠抓新时代全国高等学校本科教育工作会议精神落实的通知》（教高函〔2018〕8号），强调各高校要全面梳理各门课程的教学内容，淘汰“水课”、打造“金课”，合理提升学业挑战度、增加课程难度、拓展课程深度，切实提高课程教学质量。2019年10月24日教育部下发了《关于一流本科课程的实施意见》和《“双万计划”国家级一流本科课程推荐认定办法》（教高〔2019〕8号），正式启动了一流课程“双万计划”。

2020年11月25日《教育部关于公布首批国家级一流本科课程认定结果的通知》（教高函〔2020〕8号）正式发布，这是教育部在启动一流本科课程建设“双万计划”以来，国家级五大“金课”首次一并亮相。本次推出首批国家级一流本科课程共5118门，包括1875门线上一流课程、728门虚拟仿真实验教学一流课程、1463门线下一流课程、868门线上线下混合式一流课程和184门社会实践一流课程。一流课程逐渐成为普通高校专业建设、教学改革的关注重点。

按照《“双万计划”国家级一流本科课程推荐认定办法》的表述，一流本科课程推荐对象是普通本科高校纳入人才培养方案且设置学分的本科课程，包括思想政治理论课、公共基础课、专业基础课、专业课以及通识课等独立设置的本科理论课程、实验课程和社会实践课程等。一流课程的类型包括如下五类:①线上一流课程。即国家精品在线开放课程,突出优质、开放、共享，打造中国慕课品牌。完成4000门左右国家精品在线开放课程认定，构建内容更加丰富、结构更加合理、类别更加全面的国家级精品慕课体系。②线下一流课程。主要指以面授为主的课程，以提升学生综合能力为重点，重塑课程内容，创新教学方法，打破课堂沉默状态，焕发课堂生机活力，较好发挥课堂教学主阵地、主渠道、主战场作用。认定4000门左右国家级线下一流课程。③线上线下混合式一流课程。主要指基于慕课、专属在线课程（SPOC）或其他在线课程,运用适当的数字化教学工具,结合本校实际对校内课程进行改造，安排20% ~ 50%的教学时间实施学生线上自主学习，与线下面授有机结合开展翻转课堂、混合式教学，打造在线课程与本校课堂教学相融合的混合式“金课”。大力倡导基于国家精品在线开放课程应用的线上线下混合式优质课程申报。认定6000门左右国家级线上线下混合式一流课程。④仿真实验教学一流课程。着力解决真实实验条件不具备或实际运行困难，涉及高危或极端环境，高成本、高消耗、不可逆操作、大型综合训练等问题。完成1500门左右国家虚拟仿真实验教学一流课程认定，形成专业布局合理、教学效果优良、开放共享有效的高等教育信息化实验教学体系。⑤社会实践一流课程。以培养学生综合能力为目标，通过“青年红色筑梦之旅”“互联网 +”大学生创新创业大赛、创新创业和思想政治理论课社会实践等活动，推动思想政治教育、专业教育与社会服务紧密结合，培养学生认识社会、研究社会、理解社会、服务社会的意识和能力，建设社会实践一流课程。课程应为纳入人才培养方案的非实习、实训课程，配备理论指导教师，具有稳定的实践基地，学生 70% 以上学时深入基层，保证课程规范化和可持续发展。认定 1000 门左右国家级社会实践一流课程。

（二）一流课程建设原则

教育部在《关于一流本科课程的实施意见》中明确了一流本科课程的建设原则，包括提升高阶性、突出创新性和增加挑战度，即“两性一度”。

（1）提升高阶性。课程目标坚持知识、能力、素质有机融合，培养学生解决复杂问题的综合能力和高级思维。课程内容强调广度和深度，突破习惯性认知模式，培养学生深度分析、大胆质疑、勇于创新的精神和能力。

（2）突出创新性。教学内容体现前沿性与时代性，及时将学术研究、科技发展前沿成果引入课程。教学方法体现先进性与互动性，大力推进现代信息技术与教学深度融合，积极引导学生进行探究式与个性化学习。

（3）增加挑战度。课程设计增加研究性、创新性和综合性内容，加大学生学习投入，科学“增负”，让学生体验“跳一跳才能够得着”的学习挑战。严格考核考试评价，增强学生经过刻苦学习收获能力和素质提高的成就感。

二、线上一流课程

（一）国家精品资源共享课：作物栽培学

《作物栽培学》是官春云院士牵头于 2016 年建成的国家精品资源共享课，在中国大学 MOOC 网爱课程平台已上线运行 5 年（图 3–1），80 学时，是面向农学、种子科学与工程、烟草等专业的专业主干课。包括以下教学内容。

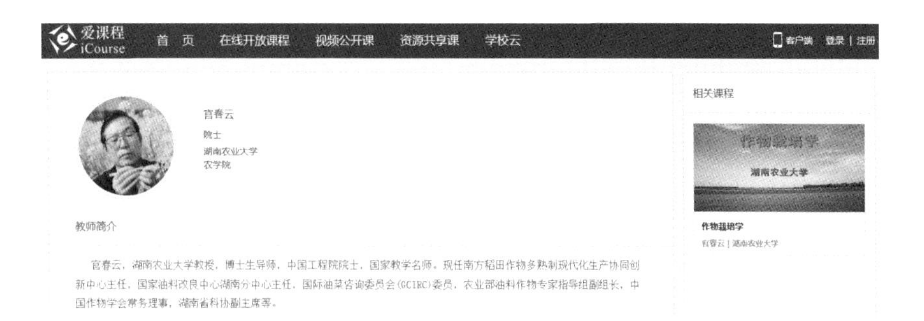

图 3–1　作物栽培学在爱课程平台运行 5 年截屏

（1）绪论。①作物栽培学的性质和任务；②作物的起源和起源地；③作物的多样性和作物分类；④我国古代作物栽培的特点和经验；⑤我国农业自然资源和种植业区划；⑥可持续农业与作物栽培科技进步。

（2）作物的生长发育。①作物生长与发育的特点；②作物的器官建成；③作物的温光反应特性；④作物生长发育的关联性。

（3）作物产量与产品品质的形成。①作物产量及其构成因素；②作物“源、流、库”理论及其应用；③作物的产量潜力；④作物品质及其形成；⑤作物品质的改良。

（4）作物与环境的关系。①作物的环境；②作物与光的关系；③作物与温度的关系；④作物与水的关系；⑤作物与空气的关系；⑥作物与土壤的关系。

（5）作物栽培措施和技术。①播种与育苗技术；②种植密度和植株配置方式；③营养调节技术；④水分调节技术；⑤作物保护及调控技术；⑥地膜覆盖栽培技术；⑦收获技术；⑧灾后应变栽培技术。

（6）耕作制度的基本原理与技术。①耕作制度的基本原理；②种植制度；③农田管理制度。

（7）水稻栽培。①概述；②水稻栽培的生物学基础；③水稻产量形成及其调控；④稻米品质的形成与调控；⑤水稻基本栽培技术；⑥水稻栽培方式与技术体制。

（8）玉米栽培。①玉米生产概况；②玉米栽培的生物学基础；③玉米栽培技术；④特种玉米及栽培技术。

（9）油菜栽培。①油菜生产的重要性；②油菜生产概况；③我国油菜生产存在的主要问题；④油菜的类型与特征特性；⑤冬油菜高产栽培措施；⑥三熟区油菜栽培新模式——“机播机收，适度管理”。

（10）棉花。①棉花生产概述；②棉花栽培生物学基础；③棉花栽培技术。

（11）苎麻栽培。①概述；②苎麻栽培的生物学特性；③苎麻的栽培技术；④苎麻的收获与加工。

（12）烟草栽培。①概论；②烟草栽培的生物学基础；③烟草的产量与品质；④烟草栽培技术。

（二）省级在线精品开放课程：休闲农业与乡村旅游

课程紧跟中央决策，瞄准现代农业新产业和现代消费新业态，围绕乡村振兴战略和美丽乡村建设，紧扣时代脉络，整合农学、生态学、经济学、旅游学等学科知识，以休闲农业、乡村旅游、康养产业等多维切入点，构建“彰显农耕文化底蕴、弘扬生态文明理念、传播现代科技文化、推进美丽乡村建设”符合时代需求的课程知识体系，体现新农科特质。课程教学资源充分体现了课程思政贯穿全程的育人特色，践行“绿水青山就是金山银山”重要理念，积极宣传现代农业发展理念、最新农业政策、大国“三农”意识、“一懂两爱”情怀。课程充分将农学与旅游学、经济学、管理学和生态学相结合。课程涵盖了休闲农业概述、休闲农业理论基础、休闲农业技术支撑、乡村旅游资源开发、休闲农业运营管理五大方面的内容。通过该课程学习，学生能够熟悉休闲农业的相关概念、休闲农业经营实体、乡村旅游消费业态；了解运营休闲农业企业的关键技术，高度重视农耕文明和生态文明资源开发，不断丰富具有乡村特色的旅游吸引物；掌握休闲农业园区建设的方法与特点、休闲农业园区规划设计的理念与原则、方法与要素以及休闲农业景观设计的方法；了解乡村旅游接待的礼仪与技术规范。掌握休闲农业的规划与设计、模式与经营，能够运用休闲农业的生态学原理、经济学原理和社会学机制来运营休闲农业企业和乡村旅游；用农学、生态经济学、规划、旅游等知识，彰显出农耕文化底蕴、弘扬生态文明理念、传播现代科技文化、推进美丽乡村建设。

课程教学内容如下：

（1）休闲农业概述。①休闲农业基本知识；②休闲农业发展历程；③休闲农业发展现状。

（2）休闲农业理论基础。①休闲农业的生态学原理；②休闲农业的经济学原理；③休闲农业的社会学机制。

（3）休闲农业技术支撑。①生态农业技术；②循环农业技术；③设施农业技术；④品牌农业支撑技术；⑤休闲农业包装技术；⑥休闲农业导向技术。

（4）乡村旅游资源开发。①农耕文明资源开发；②生态文明资源开发；③农业文化资源开发；④科技文明资源开发。

（5）休闲农业运营管理。①休闲农业园区规划；②休闲农业景观设计；③休闲农业园区建设；④休闲农业生产管理；⑤休闲农业接待管理；⑥休闲农业营销管理。

（6）休闲农业典型案例。①休闲游憩类；②科普教育类；③民俗风情类；④健康养生类；⑤农事节庆类（图 3–2）。

图 3–2　休闲农业与乡村旅游课程资源截屏

（三）省级精品在线开放课程："互联网 +"现代农业

"互联网 +"现代农业涉及庞大的知识领域和技术体系，首先必须了解农业发展规律，理解当前转变农业发展方式、推进农业供给侧结构性改革、实施乡村振兴战略等时代背景，把握现代农业发展理念以及现阶段的经营模式、表现形式和关键技术，对国外的现代农业探索也需要有所涉猎，同时还必须掌握一定的信息技术基础知识。《"互联网 +"现代农业》是响应时代语境而开设的一门新课，内容涵盖现代农业基本知识、现代信息技术常识、"互联网 +"电子商务、"互联网 +"农业经营管理、"互联网 +"农产品质量追溯、"互联网 +"农业装备技术、"互联网 +"农村信息服务、"互联网 +"农业科技创新等方面的最新知识。

该课程包括以下教学内容：

（1）现代农业基本知识。①全球农业发展历程；②农业发展模式探索；③农业发展时代语境；④现代农业经济管理；⑤现代农业探索实践。

（2）现代信息技术常识。①信息技术基础知识；②大数据的相关知识；③云计算的初步体验；④物联网的基本构架；⑤人工智能实现机制。

（3）"互联网 +"电子商务。①电子商务基本知识；②电子商务网络支付；③淘宝网店运营实践；④网购农业投入品；⑤农产品网络销售。

（4）"互联网 +"农产品质量追溯。①农产品质量相关知识；②质量溯源的社会机制；③追溯系统的技术支撑；④追溯系统的技术体系；⑤农产品质量全程追溯。

（5）"互联网 +"农业装备技术。①农业机械装备技术；②无人机及其农业应用；③农业物联网装备技术；④农业遥感的装备技术；⑤农业机器人应用前景。

（6）"互联网 +"农业科技创新。①组学及其价值空间；②生物信息技术进展；③数字农业建设实践；④精准农业实践探索；⑤智慧农业发展前景（图 3–3）。

图 3–3 "互联网 +"现代农业课程资源截屏

（四）精品在线开放课程：智慧农业引论

《智慧农业引论》是面向本科生、研究生开设的农业信息技术通识教育课程。本课程瞄准现代农业发展最新动态，用现代信息技术改造提升传统涉农专业，使学生掌握智慧农业基本知识、基本理论和基本技能，具有开展数字农业建设、精准农业实践、智慧农业探索的实战能力。

本课程构建了包括现代农业基本知识、现代信息技术基础知识、农业传感技术、农业遥感技术、农业物联网工程、智慧农业支撑技术、智慧农业探索实践等内容的课程知识体系，在课程教学过程中全面整合知识传授、技能训练、能力提升的教育教学职能，科学嵌入价值引领、德商培育、思维训练、心智开发，全面落实课程思政，提升育人效果。

在学情分析的基础上进行教学设计，注重思维启迪，重视学生主体作用，坚持以严谨的学术态度和科学精神组织教学内容，通过数字化、可视化资源及多媒体技术呈现教学内容，实现科学性、知识性、趣味性的有机结合。课程利用新技术、新手段、新方法，推进教学模式和学习方式创新，实现教育教学资源多样化，满足在线 MOOC、线上线下 SPOC、线下教学资源拓展等多样化教学需求，为开展翻转课堂、辩论式教学、讨论式教学、生成性教学和延伸性自主学习、探究性学习、研究性学习、合作式学习提供现代化平台，推进“泛在学习”。

该课程包括以下教学内容：

（1）现代农业基本知识。①农业发展时序特征；②农业发展模式探索；③农业发展时代语境；④现代农业探索实践。

（2）现代信息技术原理。①大数据及其获取技术；②农业物联网基础知识；③云计算与云服务应用；④人工智能的技术原理。

（3）农业传感技术原理。①农业传感技术概述；②气象信息传感技术；③水体信息传感技术；④土壤信息传感技术；⑤生理信息传感技术。

（4）农业遥感技术原理。①遥感技术基础知识；②电磁波与地物波谱；③遥感平台与遥感器；④遥感图像处理技术；⑤农业遥感支撑技术。

（5）智慧农业支撑技术。①目标对象标识技术；②智慧农机装备技术；③农业遥感监测技术；④农业物联网技术；⑤农产品溯源技术；⑥农用无人机技术；⑦农业机器人技术。

（6）智慧农业探索实践。①数字农业建设实践；②精准农业实践探索；③智慧农业发展前景；④智慧农业探索领域；⑤生态智慧农业愿景（图 3–4）。

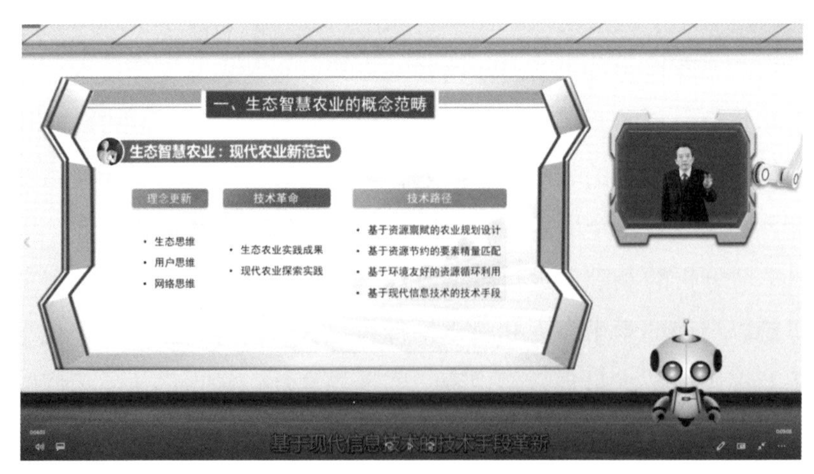

图 3–4　智慧农业引论课程视频资源截屏

三、线下一流课程

在“新农科”建设背景下，面向“新农业、新乡村、新农民、新生态”，对人才培养和课程教学带来了新的挑战和机遇。田间试验与统计分析是面向植物生产类的农学、植物科学与技术、种子科学与工程、烟草等专业开设的专业基础课。

（一）课程概述

本课程是基于概率论和数理统计的基本原理与方法，研究植物生产类专业领域中田间试验设计和数据采集与统计方法的一门学科。前期课程主要有高等数学、线性代数、概率论与数理统计、植物学、遗传学、植物生理学，后续课程主要有作物栽培学、作物育种学。通过课程学习，学生应掌握田间试验与数据统计分析的基本概念、基本原理与方法，了解田间试验与统计分析在农业科技创新、新品种新产品新技术研发与示范推广应用中的重要作用，具备运用田间试验设计方法、数据统计分析的原理，解决大田试验研究过程中试验方案设计、试验误差控制、田间精确实施、数据准确采集与科学分析等方面的问题。深刻理解农业科技创新对现代农业发展的重要意义，树立学农爱农、踏实肯干、吃苦耐劳的优良品质，培养学生勇于探索、勤于实践、开拓创新、严谨治学的科学精神。

现在的学生学习能力、接受能力、网络资源应用能力都很强。根据学情特点，我们采用了普通高等教育“十二五”国家规划教材《田间试验与统计分析》第三版。

（二）教学设计与实施

（1）要解决的重点问题。①课程内容丰富，概念多，公式多，不易掌握：需要对教材内容体系进行优化，以满足新的受众、新的授课手段、新的授课方式的需要，实现“教教材”向“用教材”转变。②课程内容理论性强，原理不易理解：需要创新教学模式，创设教学场景，形成积极的教学互动，实现“教师主导”向“教师主导学生主体”转变。③课程实践性强，理论与实践难以有效衔接：需要优化教学过程，增强学生学以致用的能力，实现“重理论”向“理论与实践并重”转变。

（2）教学设计理念。根据本课程专业知识的科学性、逻辑性和学生特点，结合不同专业的知识需求，按照“高阶性、创新性和挑战性”原则，对课程内容优化调整；引入信息化教学手段，促使教学向知识性、趣味性、实践性进一步转型；加强教学过程管理，在理论知识传授、实践技能培养、健康品格塑造上实现同频共振。

（3）教学方法。坚持以学生为中心，以问题、案例引入课堂教学；以讨论式、探究式、辩论式以及随堂测试等形式增强学生参与度；加强对学生学习过程评价，提高学生学习自主性。

（4）内容深化与资源建设。①专业需求，因材施教。基于教学“两性一度”原则，对教材内容进行优化调整，产业发展需求、重大科研项目、前沿研究进展结合课程建设，不同专业因“才”施教；依据不同专业的特点和培养目标，将田间试验与统计分析的相关内容与不同专业特点紧密融合，开展基于不同专业的个性化建设。②过程延伸，突出实践。构建“课堂理论教学＋上机实验操作＋科研技能竞赛”三段式教学模式，结合导师制，探索了理论紧密联系实践的新途径，提升了学生学以致用的能力。③在线课程，高效教学。建设了田间试验与统计分析在线优质网络课程，录制了8个短视频，丰富了教学资源，促进了师生互动，有效提升了教学效率。④用心设计，对接思政。结合国家粮食安全、农业绿色发展、乡村振兴等时代主题，以校内外科学家献身农业科研事业为例，深度挖掘课程思政元素，培养学生知农爱农信念，践行强农兴农使命。

（5）教学条件与实施。课程教学在常规多媒体教室或者智慧教室进行，采用了信息化教学手段；在课程建设过程中，我们按照“定期开展教学研讨、课程联系毕业论文、课程教学手段信息化、课程理论融于竞赛实训、全程教学动态评价”的要求进行。

（6）教学过程评价。我们设计了多个指标，加强了对学生学习过程的评价，平时考核包括考勤、作业、课堂问答、试验方案设计实践、研讨和上机实验等方面，占总成绩的 30%。

（三）创新特色

（1）理论与实践相结合，注重教学过程创新。构建了“课堂理论教学 + 上机实验操作 + 科研技能竞赛”三段式教学模式，耦合导师制和专业综合实习，探索了理论紧密联系实践的教学过程新机制。

（2）课程与专业相结合，注重因“才”施教。根据不同专业的知识背景，引入最新研究进展，优化教学内容，构建了符合不同专业培养目标要求的课程知识体系。

（3）内容与思政相结合，注重思想品行塑造。挖掘课程内容的科学性、思想性，注重培养学生严谨治学、求真务实、勇于探索、终身学习的科学与人文素养。

（四）教学效果与评价

通过多年的探索与改革，学生对教师讲课评价有显著提高（90 分以上），学生综合成绩稳步提升；本科学生承担校级和省级创新创业课题 10 余项，优秀毕业论文多篇，考研录取率接近 50%，毕业就业率达 90% 以上。课程团队成员先后承担了 4 项省级和 6 项校级教改课题，获得 3 项教育教学成果奖项，主编和参编 10 余本教材，发表了 9 篇教改论文；课程建设和改革成效得到了同行和学生们的肯定（图 3–5）。

图 3–5　田间试验与统计方法说课视频截屏

四、社会实践一流课程

（一）国家级一流社会实践课程：作物学综合实践

（1）课程发展历程。1998 年开始，植物生产类专业实行“六边”综合实习改革，即边上课、边生产、边科研、边推广、边调研、边学习做群众工作，20 年的持续改进和不断完善，形成了作物学综合能力训练特色化社会实践课程，构建植物生产类专业学生的生产组织能力、科研实践能力、知识获取能力、技术推广能力、调查研究能力、群众工作能力（图 3–6）。

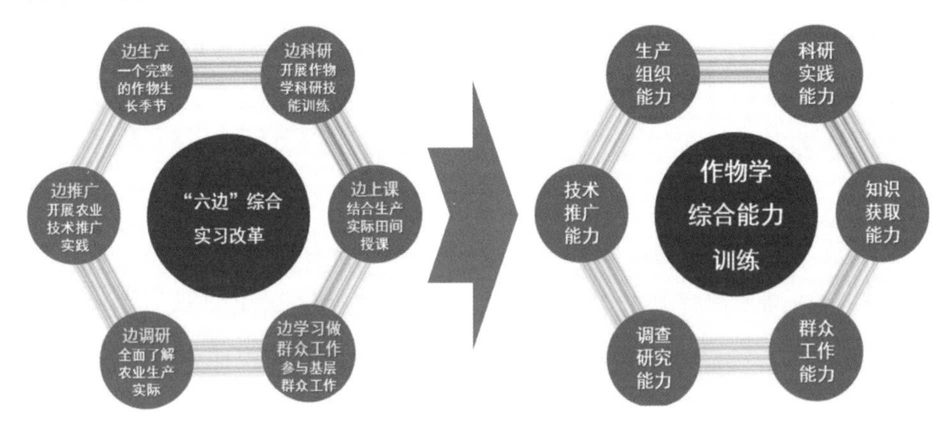

图 3–6　作物学综合能力训练发展历程

（2）权变理论与系统理论的协同演绎。植物生产类学生必须经历一个完整的农作物生产周期，但全学程很难集中安排半年的生产实习，而且独立安排生产实习时阴雨天只能安排学生自由活动，边生产、边上课有效地协调了时间资源的科学利用，打破了传统的课程学习安排框架，提高了学习效率；边科研、边推广实现了创新教育与生产一线的有效对接；边调研、边学习做群众工作使学生深入接触农民、融入农村、熟悉农业，实现了基于耗散结构的教学活动系统性（图 3–7）。

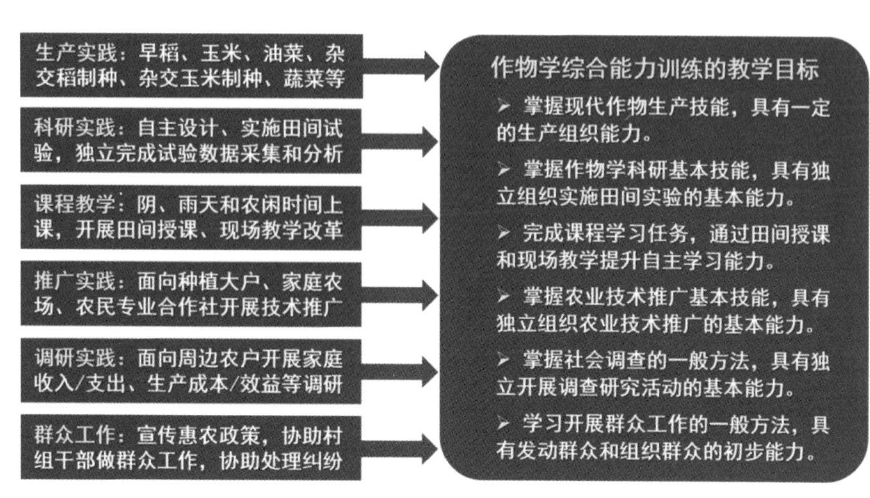

图 3–7　作物学综合实践的教学目标

（3）建构主义学习理论与多维学习过程。建构主义学习理论认为，学习是引导学生从原有经验出发，依靠学习经历来建构新的经验，形成实际能力。“六边”综合能力训练的半年时间，形成了独特的多维学习过程，学生与实习指导教师、课程任课教师、实习基地管理人员和生产技术人员、当地农民和农场主、农村基层干部等广泛学习、接触和交流，特色化的多维学习资源，激发学生的学习热情，提升学生创新创业能力。

（4）能力本位教育理论与开放性实训环境。能力本位教育是从职业能力需求出发，针对性地强化实践能力和专业技能训练。“六边”综合实习将实习基地建立在广阔的农村，形成了开放性的实训环境：实习基地的现代农业设施与周边农民传统生产方式并存使学生得到多样化过程体验，多学科科研设施和多专业实习条件为学生接受跨专业实训奠定了物质基础，耳濡目染、身体力行、实践操作、多边交流。

（5）教学场地与教学环境。在浏阳教学科研综合基地全面实施，基地现有耕地约 33.3 公顷，建成了学生宿舍、教室、实验室和辅助生活设施，安排了一批国家级和省部级科研项目，具有先进的农业现代化生产设备设施，为实习学生提供了丰富的学习资源。

（6）教学方法。①课堂教学与田间现场教学相结合。植物生产类专业需要解决农业生产实际问题，采用课堂教学与田间现场教学相结合，高效利用了感性认知学习资源，有效提升了理性认识发展空间，大幅度提升了教学效果。②任务驱动式教学典范。“边科研”部分，为每个行政班安排 0.17 公顷试验田，由学生自主选题、自主设计试验方案、自主完成田间试验实施和总结，形成极其特殊的任务驱动式学习模式，有效提升学生的科研能力。③全程深入农村基层锻炼。植物生产类专业需要解决农业生产实际问题，采用课堂教学与田间现场教学相结合，高效利用了感性认知学习资源，有效提升了理性认识发展空间，大幅度提升了教学效果。

（7）创新与特色。①课程思政特色鲜明。组织学生开展社会调查、参加社会实践、开展技术推广，使学生实质性接触社会、了解社会、融入社会，培养学生“三农”情怀,奠定“一懂两爱”思维底蕴。②时间运筹独树一帜。巧妙地协调了课程教学任务重与生产实习要求时间长的矛盾，有效地提高了全学程的时间利用效率和人才培养质量。③能力训练综合高效。安排学生进行了一个完整的田间试验，构建了作物学实验技能竞赛、实践技能竞赛、科研技能竞赛体系，全面提升学生的综合职业能力。

1998 年开始实施，经历了 20 多年的发展和完善，构建了植物生产类专业特色化综合能力训练模式，2001 年获国家教学成果二等奖。通过“六边”综合能力训练，使学生的生产技能、专业技能、科研技能和综合素质得到全面提升，毕业生深受用人单位欢迎，不少学生在农业产业化龙头企业主持杂交稻制种等技术岗位和管理岗位取得显著业绩；进入硕士研究生阶段学习也深得导师和学位点好评，普遍认为学生的实践能力和创新能力强；进入行政管理岗位的毕业生普遍反映对“三农”具有独到见解和实际工作能力。2018 年 11 月 23—24 日，CCTV 发现之旅“聚焦先锋榜”栏目以“求实创新，玉汝于成”为题，对湖南农业大学“六边”综合实习和作物学综合实践进行了专题报道，在全国产生了很大影响。

（二）省级社会实践一流课程：杂交水稻种子生产综合实践

2007年开始，面向种子科学与工程专业开设《杂交水稻种子生产综合实践》课程，袁隆平院士多次亲临指导。2013年获教育部“本科教学工程”大学生校外实践教育基地。2018年被遴选为“湖南省农学类专业教育创新创业基地”。2020年列入首批课程思政建设项目。着力培养种子科学与工程专业学生生产组织能力、科研实践能力、知识获取能力、技术推广能力、调查研究能力和群众工作能力。

（1）课程教学。本课程的教学目标在于使学生掌握现代杂交水稻制种生产技能，具有一定的组织生产能力；掌握杂交稻制种科研基本技能，具有独立组织实施田间试验制种的基本能力；完成理论学习任务，通过田间授课和现场教学提升自主学习能力；掌握农业技术推广基本技能，具有独立组织农业技术推广的基本能力；掌握社会调查的一般方法，具有独立开展调查研究活动的基本能力；学习开展群众工作的一般方法，具有发动群众和组织群众的初步能力。

（2）教学设计。新农科建设是新时代农林院校的重大课题，课程建设是新农科建设的实际行动。农林院校大学生急需深入生产一线开展形式多样的社会实践教学。本课程采用多样教学及学习方式。①权变理论和系统理论的协同演绎。“三结合教学模式”是本课程的“融合”探索。三结合教学模式主要包括四个角度的三结合：理论、技术、实践三结合；教师、学生、作物三结合；理论教学、课外自学、共享研学三结合；案例解析、问题解答、观点辩论三结合。②建构主义学习理论与多维学习的过程。建构主义学习理论认为，学习是引导学生从原有的经验出发，依靠学习经历来建构新的经验，形成实际能力。杂交水稻制种综合实践近一个月时间，形成了独特的多维学习过程。学生与指导老师、课程任课老师、基地管理人员和生产技术人员、当地农民和农场主、农村基层干部等广泛学习、接触和交流。特色化的多维学习资源，激发学生的学习热情，提升学生创新创业的能力。③能力本位教育理论与开放性实训环境。能力本位教育是从职业能力需求出发，针对性强化实践能力和专业技能训练。杂交水稻制种综合实践将基地建在广阔的农村，形成了开放性的实训环境。基地的现代农业设施与周边农民传统生产方式并存，使学生得到多样化过程体验。多学科科研设施和多专业实习条件，为学生接受跨专业实训奠定了物质基础。耳濡目染、身体力行、实践操作、多边交流，从而达到最佳实践效果。

（3）教学环境。杂交水稻种子生产综合实践在绥宁县武阳镇"国家级杂交水稻制种基地"全面实施，基地现有杂交水稻制种 66.7 公顷，建成了学生宿舍、教室、实验室和辅助生活设施，安排了一批国家级和省部级科研项目，具有先进的农业现代化生产设备设施，为学生实践提供了丰富的学习资源。

（4）教学方法改革。①课堂教学与田间现场教学相结合的教学方法。植物生产类专业需要解决农业生产的实际问题，采用课堂教学与田间现场教学相结合的教学方法，高效利用了感性认知学习资源，有效提升了理性认识发展空间，大幅度提升了教学效果。②采用任务驱动式教学方法。其中科研实践环节，老师布置任务，学生分组自主完成；专题讨论式教学由老师组织学生分组讨论、分享讨论成果、老师综合点评，形成极具特色的任务驱动式学习模式，有效提升学生的科研和学习能力。③全程深入农村基层锻炼。植物生产类专业需要解决农业生产的实际问题，首先必须深入农村、了解农村、懂得农业技术。本课程要求学生全程深入农村基层，采取社会调查与群众工作的形式，真正做到懂农业、爱农村、爱农民。

（5）课程的特色与创新。①课程思政特色鲜明。坚持开展做人、做事、做学问的全方位训练和教育培养，组织学生开展社会调查、参加社会实践、开展技术推广，使学生实质性接触社会、了解社会、融入社会。全面落实育人为本、德育为先，致力于培养"一懂两爱"农业人才。②时间运筹独树一帜。本实践课程巧妙地协调了理论课教学任务重与实践要求长的矛盾，有效地提高了全学程的时间利用效率和人才培养质量。③能力训练综合高效。本实践课程安排在杂交水稻制种生产的关键环节进行，构建了相关实验技能竞赛、生产技能竞赛、科研技能竞赛体系，从而达到全面提升学生的综合职业能力的效果。

（6）实施效果。自 2007 年开始，经历了 13 年的发展和完善，构建了种子专业特色化综合能力训练模式，课程建设成为支撑 2019 年度湖南省高等教育省级教学成果特等奖的重要支撑。作为新农科建设的实际行动，本课程得到了袁隆平院士的高度评价，并题词“努力学习、认真实践，争做种子科学的创新人才”。通过杂交水稻制种综合实践,使学生的生产技能、实验技能、科研技能和综合素质得到了全面的提升。毕业生深受用人单位欢迎，不少本科毕业生在相关企业的技术岗位和管理岗位上取得了显著的业绩；部分进入硕士阶段学习的学生，其实践能力和创新能力也深受导师和学位点的好评；进入行政管理岗位的毕业生，也普遍反映具有对“三农”的独到见解和较强的实际工作能力。为培养懂农业、爱农村、爱农民的农业人才做出了积极贡献。2018 年 11 月 23—24 日，CCTV 发现之旅“聚焦先锋榜”栏目，以“求实创新、玉汝于成”为题，对湖南农业大学杂交水稻种子生产综合实践进行了专题报道，在全国产生了较大影响。

五、线上线下混合式一流课程

2017 年开始，湖南农业大学面向植物生产类专业建设《“互联网 +”现代农业》在线开放课程，在超星学银平台、中国大学 MOOC 爱课程平台上线运行，同时在校内面向植物生产类专业开展线上、线下混合式教学改革，1 学分，线上 8 学时、线下 8 学时。

（1）课程目标。学习现代信息技术基础知识，了解现代农业发展动态和我国农业现代化的战略部署，掌握“互联网 +”现代农业主要应用领域相关知识和技术，提升农业信息化实战能力。

（2）教学设计思路。新农科建设是新时代农林院校的重大课题，课程建设是新农科建设的实际行动。①基于学习进阶理论的知识体系建构。针对农林院校大学生急需了解现代农业最新知识和“互联网 +”农业最新技术的现实学情，根据学习进阶理论，构建了本课程的知识体系：在“现代农业基础知识”板块，系统介绍全球农业发展动态和我国推进农业现代化的战略部署，奠定本课程的导向性思维；在“现代信息技术常识”板块，全面介绍信息技术基础知识以及大数据、云计算、物联网、人工智能等领域的最新动态，夯实现代信息技术基础。在此基础上，递进式分述“互联网 +”农村电子商务、“互联网 +”农产品质量追溯、“互联网 +”农业装备技术、“互联网 +”农业科技创新等最新应用领域，构建《“互联网 +”现代农业》知识体系。②基于建构主义理论的教学模式设计，形成了特色化的“在线学习 + 线下辅导”模式。学生利用零散学习时间，使用智能手机或电脑在线学习、随堂测验、在线讨论、在线考试、拓展性学习，同时开展讨论式教学、辩论式教学等多样化线下辅导，充分体现学生主体性和学习者中心地位。③基于人本主义理论的课堂教学改革，体现于在线学习资源建设和线下教学组织改革。课程的在线学习资源共 6 章，每章 5 节，提供 30 个微课视频供学生在线学习。微课视频时长 5 ～ 15 分钟，主讲教师全程同期声加字幕提示，屏幕呈现知识要点、知识点间逻辑关系及其他多媒体信息，同时提供大量拓展性学习资源供学生选择性自主学习。④线下教学组织集中辅导和分散辅导，集中辅导开展讨论式教学、辩论式教学改革，分散辅导包括延伸性自主学习、探究性学习、研究性学习等多种形式，达到激活思维、提升素质的教学目标。

（3）教学环境与方法。教学环境包括在线学习环境和线下学习环境。在线学习环境使用超星学银平台、中国大学 MOOC 爱课程平台，线上提供了丰富的学习资源和多样化的学习形式。线下学习环境在校内普通教室、会议室、办公室等地实施，开展混合式教学改革，包括线下集中辅导讨论式教学、线下集中辅导辩论式教学、线下分散辅导等环节。

教学方法改革表现为混合式教学的深度实践。在安排学生完成在线学习相关知识点的前提下，线下实施集中辅导和分散辅导。线下集中辅导开展讨论式教学、辩论式教学改革。实施过程中，讨论式教学改革由教师组织学生分组讨论、分享讨论成果、教师综合点评，体现互动式教学、生成性教学、参与式学习、合作式学习等。辩论式教学采用组织学生分组辩论，现场点评，根据学生观点实施延伸教学，激活学生心理潜能。线下自主学习采用延伸性自主学习、探究性学习、研究性学习等多种模式（图 3–8）。

图 3–8　教学现场（左图为讨论式教学，右图为辩论式教学）

（4）创新与特色。①率先开出新农科新课程，首次构建了《“互联网 +”现代农业》知识体系，在全国农林院校产生了较大影响。配套教材已纳入中国农业出版社 2020 年 3 月出版计划。②在系统建设在线学习资源的基础上，深度开展混合式教学改革，实施讨论式教学、辩论式教学、延伸性自主学习、探究性学习、研究性学习等综合性教学改革。③课程思政贯彻全程。坚持开展做人、做事、做学问的全方位训练和教育培养，全面落实育人为本、德育为先，致力于培养“一懂两爱”农业人才。④与时俱进分析学情。紧扣当代大学生心理状态和国家农业发展最新政策，及时更新在线学习资源，改进线下辅导教学模式和教学内容，稳步提升教学质量。

（5）实施情况与效果。在 2017 年校内混合式教学改革实践的基础上，2018 年在超星学银平台开课，选课人数达 1513 人；2019 年 4—6 月在中国大学 MOOC 爱课程平台开课，选课人数达 3780 人。针对 2018—2019 学年度的运行情况反馈和总结分析，2019 年 6—8 月重新组织知识体系，重拍全部视频资源，增加拓展性学习资源，实现了从内容到形式的整体提升。2019 年 9 月再次在中国大学 MOOC 爱课程平台开课，累计选课人数

8647 人，成绩呈正态分布，更好地实现了学生知识传授、能力培养、情感训练等方面的教学目标，线下辅导在激活思维、提升素质等方面发挥了很好的作用，为培养懂农业、爱农村、爱农民的农业人才做出了积极贡献。此外，课程资源挂接《稻谷生产经营信息化服务云平台》，累计浏览量达 19 万人次，在新型职业农民培育、提升农村基层干部和农业技术人员综合素质等方面发挥了很好的作用。

第四章　农业大数据平台

人类进入信息社会时代，数字教学资源迅速发展，为作物学提供了广阔的学习空间和便捷工具。近年来，多样化的大数据平台迅速发展，在奠定自动化管理的大数据资源前提下，同时也成为当代人的重要数学教学资源，为相关专业领域提供了独特的学习资源。

第一节　大数据及其获取技术

现代信息技术具有一个庞大的知识体系，包括传感技术、遥感技术、探测技术、标识技术等信息获取技术，还包括信息传输技术、信息处理技术、信息应用技术等。

一、计算机数据概述

计算机的基本原理是存储程序和程序控制，这是冯·诺依曼原理的核心思想。一台电子计算机必须同时具有以下部件：控制器实现对系统的指挥调度，运算器完成用户需求的科学计算，存储器存储程序和各类数据，输入设备允许用户向系统输入数据或指令，输出设备将计算机操作结果呈现给用户（图 4–1）。计算机是一种电子设备，内部操作过程只能通过电信号控制，如开 / 关或电脉冲有 / 无，即只可能有两种状态，因此计算机工作时内部使用的是二进制，只有“0”和“1”，其中“0”代表关或无电脉冲，“1”代表开或有电脉冲。二进制的运算规则是“逢 2 进 1”。

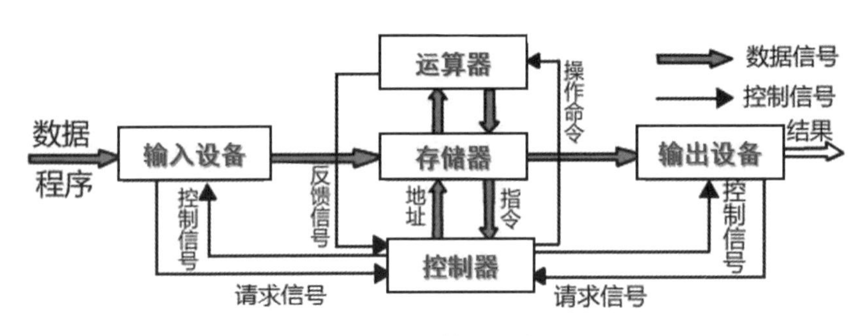

图 4–1　计算机系统

计算机数据是指能输入到计算机并被计算机识别和处理的信息。实际上，计算机处理和网络传输的数据始终是二进制代码，称为数字信息。客观世界呈现在人类面前的信息，表现为影像、声音、自然语言和实时过程，属于源信息。人类使用计算机时可以将这些信息输入到计算机，或采用各类信息采集设备获取信息，实际输入到计算机的信息具体表现为数值、字母、符号和图像、音频、视频等模拟量，它们被计算机软件转换为机器代码，所以计算机处理和网络传输的数据，实际上都是二进制代码。

二、大数据及其特征

所谓大数据，是指体量巨大，无法采用常规手段获取、传输和处理，需要应用新的处理模式才能形成更强的洞察发现能力、流程优化能力和决策力的海量、高增长率和多样化的信息资源。计算机中 1 个二进制数称为 1 个二进制位。信息存储单位以字节计算，1 字节存储 8 位二进制数，比字节更大的单位按 2 的 10 次方的几何级数上升，分别为千字节、兆字节、吉字节等，常规数据的存储单位一般只需要若干兆字节，图像、音频、视频等大数据资源的存储需要用到若干吉字节、太字节、拍字节，所以称为“大数据”。大数据具有五大特点：一是数据体量巨大，存储单位从吉字节上升到太字节、拍字节、艾字节、泽字节级；二是类型多样，包括文本、图像、音频、视频等多种信息形式；三是快速度，包括大数据产生和更新快，发展速度快，要求输入/输出快速度；四是价值空间，表现为低价值密度和高应用价值，即单位数据量的价值不高，但通过大数据处理后能够获得很高的应用价值；五是真实可靠，不会介入操作人员的主观影响（图4–2）。

图4–2　大数据的基本特征

三、农业大数据资源

农业大数据是指农业领域的数字信息资源，数字农业建设的基本任务是获取农业大数据资源，奠定精准农业、智慧农业的数据资源基础。农业大数据资源可以分为资源环境大数据、农业生物大数据、生产经营大数据三大类（图4–3）。资源环境大数据是指利用各种农业传感器，实时监测气象因子、土壤因子、水分因子和生物因子的大数据资源。田间监测气象因子、土壤因子、水分因子等的当前状态和变化规律。农业生物大数据也称为生物信息，分为三大类：①内源本体类生物信息是指生物基因型及其表达过程所形成的生物信息，属于基因组学的研究范畴。②生命活动类生物信息是生物的生命活动过程以及生物响应环境所形成的生理、生化、代谢机制监测信息，属于代谢组学的研究范畴。表型特征类生物信息是指基于生物组织层次的高通量表型监测信息及其遗传机制关联性，目前侧重于器官、个体、种群层面的研究，田间高通量植物表型平台和植物 CT 为高通量生物表型信息采集提供了技术支撑。③生产经营大数据包括农业生产经营过程的静态物象、动态过程监测信息和农业面板数据资源三类，实时采集农业生产过程、农业生产设施、农业经济运行情况、农产品市场动态等监测信息。

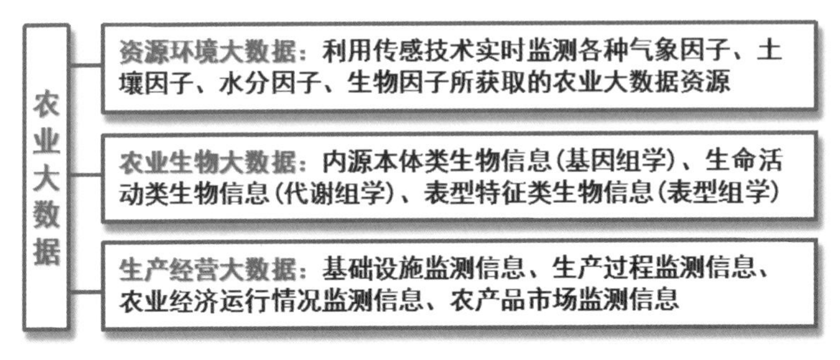

图 4–3　农业大数据资源

四、大数据获取技术

大数据获取技术有传感技术、遥感技术、探测技术、标识技术和面板数据采集技术（图 4–4）。传感技术是人类感官功能延伸的现代信息技术。传感是一种接触性感知，主要通过安装在现场的各种传感器来实现信息感知和数据采集。传感器是一种检测装置，能感知被测对象的物质、化学、生物学信息。传感器实时感知被测对象的输出信息，类似于人类的感觉器官，如声敏传感器类似于听觉，光敏传感器类似于视觉。遥感是指非接触性的远距离感知，航天遥感通过人造地球卫星获取地面信息，航空遥感利用飞机、无人机获取地面信息，近地遥感采用车载、船载、高塔。搭载遥感设备实现数据采集。探测技术则是针对不同需求，利用激光、雷达、微波、红外线、X 射线、伽马射线等技术获取大数据资源。物联网能够实现物物相连、人物对话，其中一项重要技术就是目标对象标识技术，包括对物品或农业生物的标识。标识技术是目标对象的唯一身份码承载介质及其读写技术，从条形码发展到二维条形码，进而发展到无线射频识别技术，体现了技术水平的从低级向高级发展，也实现了承载信息量的几何级数增长。面板数据是指在时间序列上取多个截面获取的样本数据，面板数据采集技术包括系统日志数据采集、网络数据采集、面上普查、抽样调查、上报统计数据等，广泛应用于商贸交易数据采集、生产经营数据采集等领域。

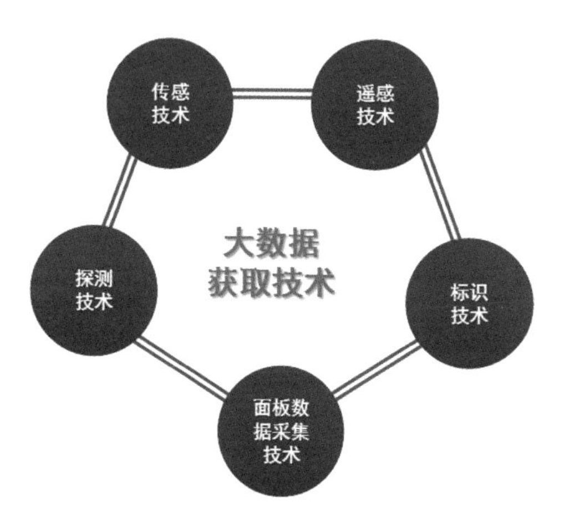

图 4-4　大数据获取技术

大数据是一场生活、工作和思维的变革。第一，大数据时代为利用所有数据提供了可能，能够利用全部数据就不需要做抽样调查。第二，采集和处理大数据打开了一扇新的世界之窗，混杂性的大数据资源具有特殊的应用价值。第三，不是所有的事情都需要事先知道现象背后的原因，而是要让数据自己“发声”，让大数据说话！

第二节　云计算与云平台

大数据应用必须创新处理模式，才能形成更强的洞察发现能力、流程优化能力和决策力。云计算正是一种全新的处理模式，通过云计算实现云服务，为全球用户处理大数据提供特殊平台。

一、云计算的基本原理

进入大数据时代，独立用户可能要面临计算能力困境、存储空间困境、硬件投资困境、安全维护困境等现实问题。与此同时，互联网上已有的大量计算机软硬件资源，总体利用率并不高，存在大量的闲置时间，如果采用技术手段把闲置的资源整合起来，将一个超大型任务分解为若干个小任务由不同计算机来完成，就可以有效地解决大数据时代的现实困境，这就是云计算产生的基本背景。

云计算是基于互联网的计算方式，通过构建云平台实现计算机软硬件资源共享，为全球用户提供多样化的云服务。简单来说，云计算可以比喻为自来水，家庭不用挖井、不用抽水机、不用水塔，打开水龙头就出水，用多用少自己控制。换句话说,云计算就是从购买“计算机”变成购买“计算能力”。面对大数据处理，需要超大规模的计算能力，单台计算机或服务器很难在短时间内完成任务，这种情况下，用户通过付费享受云服务，将超大规模的计算任务提交给云平台，云平台则利用分布在各地的计算机软硬件资源，快速完成超大规模的计算任务，有效地减少了成本支出，大大提升了运算效率。

云计算是分布式处理、并行处理、网格计算等的综合改进和发展，是在互联网宽带技术和虚拟化技术高速发展后催生的全新业务模式。云计算是基于互联网的超级计算理念或模式创新，通过云平台为互联网用户提供云服务，意味着计算能力也可以作为一种商品进行流通。对于一般用户而言，关于云计算的技术原理，可以简单地理解为云服务商为我们提供计算能力，我们只需要提交任务，云平台就能利用互联网上的软硬件资源为我们实现任务目标。

二、云平台的技术架构

云平台的技术架构包括资源层、管理层和应用层。资源层由物理资源和资源池构成，以物理资源为基础，将互联网上的计算机、存储器、网络设施、数据库等，构建虚拟化资源池体系，形成计算资源池、存储资源池、网络资源池、数据库资源池、软件资源池等。资源池是一种配置机制，用于对物理资源进行分区。在集群化的资源池体系中，云平台的资源池管理器提供一定数量的目标资源，在用户请求使用资源时，资源池管理器就为该用户分配一个资源池，并将该资源标示为“忙”，标示为“忙”的资源不能再被分配使用,该用户使用完毕后,资源池把相关资源的“忙”标清除，以示该资源可以被下一个请求使用，从而使资源池得到有序利用。

云平台的管理层是实现资源层管理与应用层用户管理和资源调度的管理中间件，属于软件范畴。在资源管理方面，需要对物理资源和资源池进行负载均衡、故障检测、故障恢复、监视统计等管理和调度；在任务管理方面,需要进行映象部署与管理、任务调度、任务执行、生命期管理等工作;在用户管理方面，必须实现账号管理、用户环境配置、用户交互管理、使用计费等功能。为了维持云平台的正常运行和履行社会责任，云平台必须建立健全安全管理体系,包括身份认证、访问授权、综合保护、安全审计等。

云平台的应用层形成了面向服务的体系结构,为用户端提供服务接口、服务注册、服务查找和服务访问。云计算通过对资源层、管理层、应用层的虚拟化以及物理上的分布式集成，将互联网上庞大的计算机资源整合在一起，以整个体系构建云平台对外提供服务，并赋予用户透明获取资源和使用资源的自由。一般用户只需要面对应用层，与云服务提供商协议云服务的业务范围，完成服务注册后利用服务接口自主享受云服务。

三、云服务的实现方式

云服务模式的第一层称为设施即服务，是基于资源层的服务，利用互联网上的计算机、存储设备、网络设施和安全设备等，通过虚化管理，享受备份、计算、存储和网络等基础设施服务。云服务模式的第二层称为平台即服务，用户可以在服务商提供的开发平台上开发程序，并通过互联网传给其他用户，享受数据库服务和中间件服务。云服务模式的第三层称为软件即服务，属于大众应用层，提供行业应用和服务应用，服务商将应用软件统一部署在服务器上，用户通过互联网可以直接使用这些软件（图 4–5）。

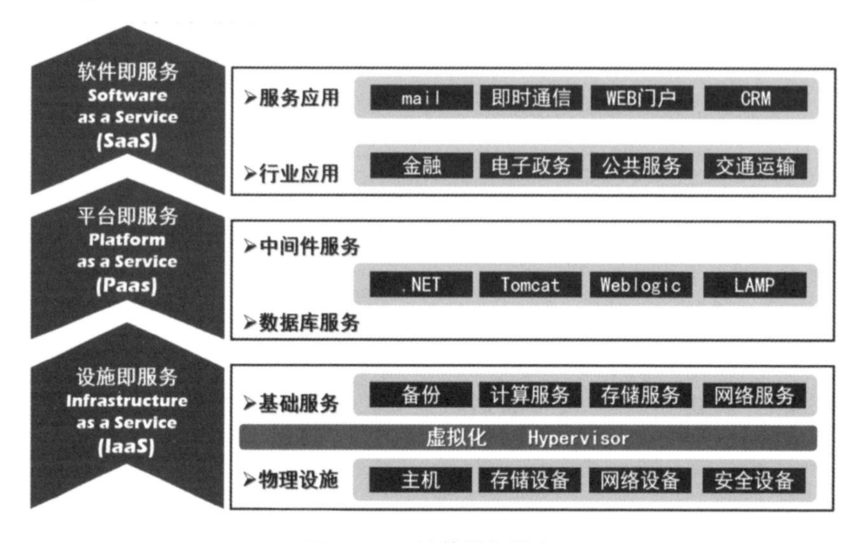

图 4–5　云计算服务模式

三种云计算服务模式中，设施即服务需要由用户自己管理操作系统、中间件、运行、数据和应用程序，平台即服务则只需要管理数据和应用程序，软件即服务则用户可以直接使用云服务商所提供的应用程序。

云服务的交付模式有公共云、私有云和混合云三类。公共云是基于标准云计算的模式，服务商提供各类资源，用户可以通过网络获取这些资源。私有云是为一个客户单独使用而构建的，能够实现对数据、安全性和服务质量的有效控制，企业可以构建自己的私有云以维护商业机密。混合云融合了公共云和私有云的特点，是云计算的主要模式和发展方向。出于安全考虑，企业更愿意将数据存放在私有云中，但同时又希望获得公共云的计算资源。混合云将公共云和私有云进行混合和匹配，以获得最佳效果，形成个性化解决方案，达到了既省钱又安全的目的（图 4–6）。

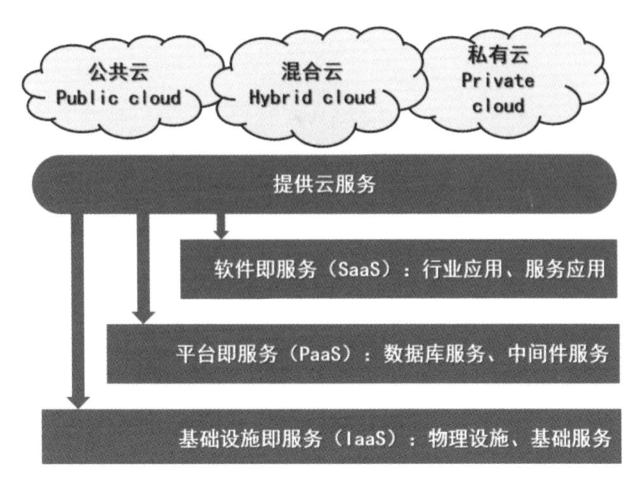

图 4-6　云服务交付模式

云计算是大数据的处理模式创新，为物联网和人工智能应用提供了全新的解决方案。云计算为用户提供多样化的云服务模式，但本质上并没有增加新的资源，而是实现了全球资源的颠覆性共享，极大地拓展了开放性和透明度，形成了开放性概念颠覆的云计算思维。

四、云端资源与云平台

对于知识经济时代的社会成员，不可能把所需要的全部知识采用记忆的方式融入脑海，善于巧妙利用现代信息化手段和工具获取知识，已成为当代人的重要能力，也是个体智力水平和智力资源的差别所在。面对海量知识和人脑“无能”，“互联网 +”时代提供了一系列的技术和手段来延伸人脑或强化人脑功能，这就是 Internet、大数据、云计算等现代信息技术。大量的知识、信息存储云端（云服务实际上是一种基于互联网的现代信息处理策略和手段），使云端成为全人类的知识存储公共空间，社会成员可通过多种途径来获取、利用、传输、处理海量知识与信息（图 4-7）。

图 4–7　云端已成为人类知识库的公共存储空间

第三节　农业面板数据资源平台

一、农业面板数据概述

面板数据是指在时间序列上取多个截面，在这些截面上同时选取样本观测值所构成的样本数据。典型的农业面板数据是统计部门依托农调队和农业部门形成的农业统计数据。随着经济形势的发展，年度统计数据已远远不能满足领导决策和生产一线的需求，农业面板数据的内涵和外延发生了巨大变化。①年度农业农村统计数据。中华人民共和国成立以来，农业农村统计数据不断完善，为政府宏观决策提供了数据支撑。②农产品生产监测数据。一是提前上报种植计划，以便政府部门及时掌握各种农产品的生产规模；二是生产过程中的活劳动和物化劳动消耗，为成本 / 效益分析奠定数据资源基础；三是收获后形成的经济产品和非经济产品数量与质量，以便政府部门及时掌握农产品供给情况，为可能出现的农产品“卖难”和供应不足等做好应急预案；四是农产品销售情况，包括销售进度、销售价格、产品流向等，为农产品“稳价保供”提供数据支撑。③农业资源环境监测数据。主要指农业资源环境管理职能部门常年监测数据，如农业气象监测数据、土地资源监测数据、森林资源监测数据、草地资源监测数据、水资源监测数据等，这都是作物学领域的重要学习资源。④农产品市场监测数据。通过布设农产品批发市场监测网点，采用日报制实时上报各类农产品的批发价、零售价、成交量等实际情况。⑤农业经营主体运行情况监测数据。包括家庭农场、农民专业合作社、农业企业等农业经营主体运行情况数据。⑥农村经济运行情况监测数据。包括农村集体“三资”（资源、资产、资金）以及农村经济社会运行情况数据。

二、农业农村统计数据

（一）新中国政府统计历程

新中国政府统计工作伴随着国家前进的脚步，经历了艰辛而辉煌、曲折而成功的发展历程。新中国成立以后，中央人民政府政务院财政经济委员会即成立统计处。1952 年 8 月 7 日，中央人民政府决定成立国家统计局，着手创建全国统一的统计工作。在国民经济恢复的 3 年里，组织开展了第一次全国工业普查，摸清了中华人民共和国成立初期全国工矿企业的基本情况；根据毛泽东主席的指示，进行了工农业总产值和劳动就业两项调查；在国民经济的主要领域开始建立统计报表制度。统计工作为国民经济恢复和编制“一五”计划作出了重要贡献。从 1953 年起，我国进入社会主义建设和社会主义改造时期。为适应国家大规模经济建设的需要，1953 年 1 月，政务院决定加强各级政府及各业务部门的统计机构和统计工作，并统一制定全国性的统计制度和统计方法。从中央到地方各级政府，迅速建立了统计机构，逐步建立健全主要专业统计制度。开展了第一次全国人口普查和其他多项普查；1953 年首次发布统计公报。统计工作与计划工作密切配合，按照党的过渡时期总路线的要求，收集统计资料，开展统计分析，为国家编制和检查计划提供了重要依据。

“大跃进”开始后，党的实事求是思想作风被践踏，高指标、浮夸风盛行。

在“左”倾错误思想和“全民办统计”“统计大跃进”的口号指导下，统计工作的集中统一原则遭到破坏，中央及地方统计机构和人员被精简，一些重要统计数字严重不实，统计工作受到重大挫折。在此期间，一些统计人员坚持实事求是，对浮夸风进行了力所能及的抵制。1961年初，党中央提出“调整、巩固、充实、提高”的方针。1962年4月4日，中共中央、国务院作出《关于加强统计工作的决定》(简称《四四决定》);1963年3月，国务院颁发《统计工作试行条例》。《四四决定》和《统计工作试行条例》的贯彻实施，使统计工作获得很大发展。在此期间，各地区、各部门认真核实了“大跃进”期间主要统计数字，为中央进行经济调整提供了决策依据；深入开展调查研究，及时反映经济调整进程；加强综合平衡分析研究，为调整国民经济比例关系提供参考；大力精简统计报表，加强统计调查管理；加强统计工作的集中领导，全国县以上统计机构全部单设。“文化大革命”期间,统计工作遭到严重破坏。1967—1969年,政府统计机构被撤销，大批统计人员下放劳动，国家统计工作几乎陷入停顿。直到1970年4月，在周恩来总理的关怀下，统计工作逐步恢复。统计人员在极端困难的情况下，很快地补齐了“文化大革命”期间中断的全国重要统计数字，初步恢复基本统计报表制度，为国家制定“四五”计划提供了基础数据。1978年3月，国务院批准恢复国家统计局，各地统计机构相继重建，全国统计工作重新步入正常轨道。

党的十一届三中全会以后，统计工作进入蓬勃发展的新阶段。改革开放初期，全面开展统计调查，高质量地完成第三次全国人口普查，恢复发表统计公报，首次公开出版《中国统计年鉴》，统计国际交往逐步扩大，统计机构全面恢复，统计力量发展壮大。党的十二大后，大力推进统计改革开放和现代化建设，开创了统计工作新局面。1983年12月颁布的《统计法》和1984年1月国务院发布的《关于加强统计工作的决定》，为新时期统计工作指明了方向，统计工作开始走上法制轨道。1984年国家统计局提出大办“开放式”统计，实行“五个转变”，焕发了统计工作的生机和活力。1990年,国务院批准实施新国民经济核算体系和改革统计调查体系,全国人大常委会修改《统计法》,中央要求坚决反对和制止统计上的弄虚作假,明确了在社会主义市场经济条件下统计改革发展的方向和统计活动准则。统计部门以提高数据质量为中心,科学、高效地组织统计调查,大力推进统计改革,加强信息工程建设、法治建设、基层基础建设和队伍建设。

跨入新的世纪,统计部门不断推进观念创新、方法创新、手段创新、体制创新,努力建设高素质统计队伍,积极应对新的挑战。全面实施《中国国民经济核算体系(2002)》,建立新的周期性普查制度,成功组织实施了两次全国人口普查、两次全国经济普查和一次全国农业普查。加强统计法治建设,全国人大常委会于2009年再次修改《统计法》,国务院先后颁布《全国经济普查条例》《全国农业普查条例》《全国人口普查条例》。改革国家调查队管理体制,在全国各省(区、市)、市(地、州、盟)和部分县(市、区、旗)设立了国家统计局直属调查队。积极变革统计生产方式,建设基本单位名录库、企业一套表制度、数据采集处理软件平台和联网直报系统等统计四大工程,极大地提高了统计现代化水平。积极推进统计制度方法改革,完善经济结构、质量、效益统计,改进收入、消费、价格等民生统计,健全服务业和文化产业统计,建立并强化节能减排统计监测制度,建立环比统计制度和保障性安居工程统计制度,实施城乡一体化住户调查改革,极大地健全并改进了调查统计体系。完善统计标准,统一统计业务流程,规范基层统计工作,加强数据质量全面控制,统计工作更加规范统一。创设"中国统计开放日",公开统计数据生产过程,加大统计数据诠释力度,丰富数据发布内容和方式,统计服务经济社会发展的能力显著提升。统计系统紧紧围绕提高统计能力、统计数据质量和政府统计公信力,以改革创新、规范统一、公开透明为主线,攻坚克难,奋发作为,统计工作再上新台阶。

党的十八大召开后,统计部门以十八大精神为指引,深入开展党的群众路线教育实践活动,加快建设面向统计用户、面向统计基层、面向调查对象的现代化服务型统计，着力巩固提高拓展“四大工程”，切实提高常规统计调查水平，进一步强化统计分析和公开透明，为推动经济持续健康发展、全面建成小康社会、实现中华民族伟大复兴的中国梦提供更加优质的统计服务。

60 多年来，在党中央、国务院的正确领导下，在地方各级党委、政府和中央各部门的大力支持下，在社会各界的积极配合下，我国政府统计基本建立起了与社会主义现代化建设相适应、充分借鉴国际统计准则、能够满足经济社会发展需要的现代统计体系，包括比较完整配套的统计法律制度、比较完善高效的统计组织体系、比较科学适用的统计调查体系、以现代信息技术为支撑的统计生产方式、比较高质优效的统计服务体系、国际统计交流与合作的良好机制。统计数据已成为国家的重要战略资源，政府统计在促进经济社会发展中的作用日益增强。

国家统计局各调查总队既是政府统计调查机构，也是统计执法机构，依法独立行使统计调查、统计监督的职权，独立向国家统计局上报调查结果，并对上报的调查资料的真实性负责。同时，承担地方政府委托的各项统计调查任务。

（二）农业农村统计知识

（1）农业统计的范围。农业统计范围包括农户和农业生产经营单位从事的农、林、牧、渔业生产活动，以及农、林、牧、渔专业及辅助性活动。农业生产经营单位包括农村各种经济组织，以及各种专业性农、林、牧、渔场；国家各级机关、团体、学校、部队、工矿企业的农业产业活动单位。不包括军马场及农业科研机构。

（2）如何查询农业统计方面的数据。有关农村基本情况、农林牧渔业总产值及增加值、农业生产和农产品价格等情况的指标数据可通过国家统计局官方网站、国家统计数据发布库以及《中国统计年鉴》《中国农村统计年鉴》《中国农产品价格调查年鉴》等出版物进行查询。

（3）粮食产量。指日历年度内生产的全部粮食数量。粮食按收获季节分为夏收粮食、早稻和秋收粮食；按作物品种分为谷物、豆类和薯类；谷物包括稻谷、小麦、玉米，其他谷物（如谷子、高粱、大麦、燕麦、荞麦等）；豆类包括大豆、绿豆、红小豆等；薯类中包括马铃薯、甘薯。这个统计含义和人们习惯上说的“粮食”往往不太一样，在使用粮食产量统计数据时要特别注意。在粮食生产量的计算上，谷物、豆类一律按脱粒、晒干后的原粮计算产量；薯类则以鲜薯 20% 的质量折算产量。

（4）农作物播种面积。农作物播种面积是指全年实际播种的谷物、豆类和薯类等粮食作物，棉花、油料、糖料等经济作物的面积，无论是播种在耕地还是非耕地上，播种一次统计一次，不得遗漏。农作物播种面积与耕地面积有以下两方面区别：其一，含义不同。耕地的含义是指种植农作物的土地，包括熟地，新开发、复垦、整理地，休闲地（含轮歇地、轮作地）；也包括种植农作物为主，间有零星果树、桑树或其他树木的土地。农作物播种面积则是对农作物播种实际发生情况的统计，无论是播种在耕地上，还是在非耕地上，只要是播在土地上都要计算播种面积。反之，如果耕地休闲了，没有播种任何农作物，那就不能算入农作物播种面积。其二，性质不同。耕地是存量指标、时点数。农作物播种面积是流量指标、时期数。各地因气候不同，农作物可以播种 1 次或 2 次、3 次，全年的播种面积计算与日历年度不同，是上年的秋冬播加今年的春播和夏播的面积之和。

（5）计算粮食产量时用的水杂折算系数。玉米、小麦及稻谷等粮食的亩产是国家统计局组织的实割实测调查推算出来的，在推算单产时，需要计算水杂折算系数。水杂折算系数 =（1– 实测的含水杂质率）/（1– 国家标准率）× 100%。

（6）农林牧渔业总产值。按照现行统计制度，农林牧渔业总产值的核算范围是本辖区内一定时期内生产的农业、林业、牧业、渔业产品的价值量和对农林牧渔业生产活动进行的各种支持服务活动的价值的总和。根据农业生产特点，农林牧渔业总产值的核算采用“产品法”进行计算，即用产品产量乘以价格求出各种产品的产值，然后把它们加总求得各业的产值，最后各业相加求出农林牧渔业总产值。当年生产的各种农产品都要计算产值，并且每种产品都按全部产量计算，不扣除用于当年农产品生产消耗的那部分产品的产值。以林业为例，其产值主要包括林木的培育和种植，木材、竹材采运产值，林产品产值等。其中林木的培育和种植采用以费用代替生长量计算，即按从事人造林木各项生产活动的成本计算，先取得育苗面积、造林面积、零星植树株数、迹地更新面积、幼林抚育面积和成林抚育面积六项资料，然后分别乘以上述各项生产活动的单位成本得到。

（7）夏粮和秋粮。夏粮即夏收粮食，指上年秋、冬季和本年春季播种，夏季收获的粮食作物，如冬小麦、夏收春小麦、大麦、元麦、夏收马铃薯等。秋粮即秋收粮食，指本年春、夏季播种，秋季收获的粮食作物，如中稻、晚稻、玉米、高粱、谷子、甘薯、大豆等。

（8）晚稻数据。晚稻包括一季晚稻和双季晚稻，在现行统计制度中，一季晚稻和中稻是一起统计的，双季晚稻单独统计，所以无法单独测定晚稻数据。建议使用中稻和一季晚稻、双季晚稻数据。

三、农业资源环境数据

（一）农业气象数据

气象数据指的是用常规气象仪器和专业气象器材所观测到各种原始资料的集合以及加工、整理、整编所形成的各种资料。随着现代气候的发展，气候研究内容不断扩大和深化，气候资料概念和内涵得到进一步的延伸，泛指整个气候系统的有关原始资料的集合和加工产品。为了取得宝贵的气象资料，世界各国都建立了各类气象观测站，如地面站、太空站、测风站、火箭站、辐射站、农气站和自动气象站等。中华人民共和国成立以来，已建成类型齐全、分布广泛的台站网，台站总数达到2000多个。国家气象信息中心每天接收来自国内外主要台站的观测资料，这些资料日积月累，随着时间的推移而成为气候资料。国内一部分台站每月将观测记录报表和数字化资料寄送或传输到国家气象信息中心，这些资料或报表成为气候资料重要的部分。此外，气候资料还包括通过各种渠道收集到的其他学科如水文、地学等资料。

各气象要素的多年多点观测记录，可以按不同方式统计，其统计结果称为气候统计量。它们是分析和描述气候特征及其变化规律的基本资料。通常使用的有均值、总量、频率、极值、变率、各种天气现象的日数及其初终日期，以及某些要素的持续日数等。气候统计量通常要求有较长的记录，以便使所得的统计结果比较稳定，一般取连续 30 年以上的记录即可。长期积累的气象数据资料，形成了海量数据资源，在大数据、云计算、物联网、人工智能等现代信息技术迅速发展的当今世界，各国都形成了基于气象大数据的云平台，为气象数据的有效积累和用户利用创造了良好条件（图 4–8）。

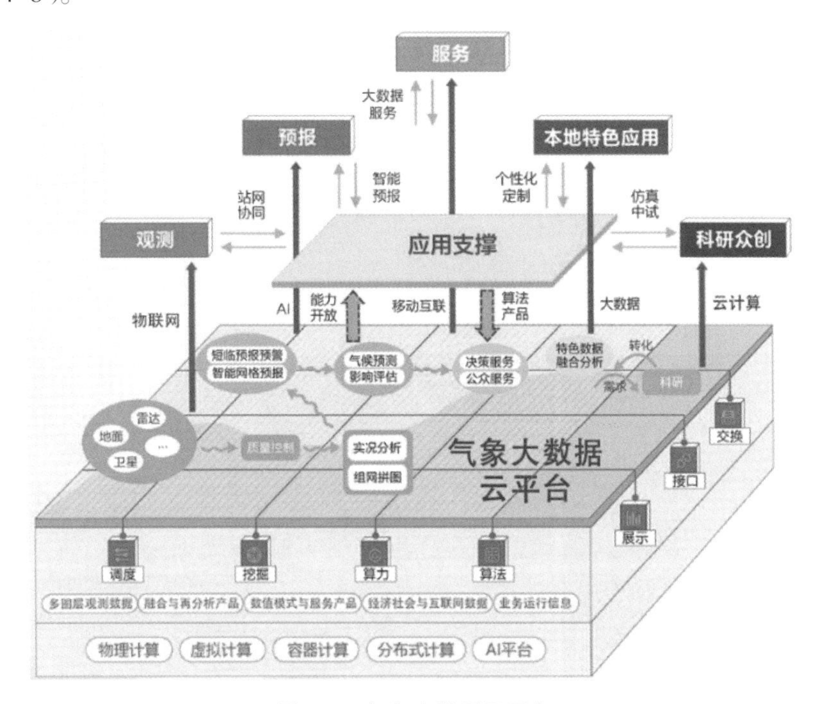

图 4–8　气象大数据云平台

（二）其他农业资源大数据

2018 年 3 月 13 日，第十三届全国人民代表大会第一次会议审议国务院机构改革方案。组建自然资源部，不再保留国土资源部、国家海洋局、国家测绘地理信息局。为统一行使全民所有自然资源资产所有者职责，统一行使所有国土空间用途管制和生态保护修复职责，着力解决自然资源所有者不到位、空间规划重叠等问题，实现山水林田湖草整体保护、系统修复、综合治理，方案提出，将国土资源部的职责，国家发展和改革委员会的组织编制主体功能区规划职责，住房和城乡建设部的城乡规划管理职责，水利部的水资源调查和确权登记管理职责，原农业和农村部的草原资源调查和确权登记管理职责，原国家林业局的森林、湿地等资源调查和确权登记管理职责，原国家海洋局的职责，国家测绘地理信息局的职责整合，组建自然资源部，作为国务院组成部门。

对自然资源开发利用和保护进行监管，建立空间规划体系并监督实施，履行全民所有各类自然资源资产所有者职责，统一调查和确权登记，建立自然资源有偿使用制度，负责测绘和地质勘查行业管理等。

进入中华人民共和国自然资源部门户网站，可以查询各类农业资源监测数据，对外公布的有土地、矿产、海洋、测绘、地质、科技等板块的监测数据（图 4–9）。

图 4–9　自然资源部的数据服务

四、农产品市场监测数据

市场信息是指在一定时间和条件下，同商品交换以及与之相联系的生产与服务有关的各种消息、情报、数据、资料的总称。①产品信息。农业生产经营者需要把握的产品信息，主要是指本经营主体所生产的产品、副产品及其必需的农业生产资料（化肥、农药、饲料等）的相关信息，最受关注的是产品的价格信息及其动态变化规律。②渠道信息。既包括产品和副产品的销售渠道信息，也包括原材料的来源渠道信息。③消费者信息。包括消费者群体构成、消费者区域分布规律、购买心理、消费心理、消费行为等。名、特、优农产品和高端农产品必须分析消费者心理以适用恰当的价格策略（图 4–10）。

图 4–10　农产品市场监测信息平台示例

基于大数据的农业市场信息服务平台建设是农业市场信息服务的重要支撑。农业农村部市场与经济信息司主导的农业市场信息采集具有一个较完善的体系，通过在全国布设网点采集基础数据，较好地保证了信息的全面性、准确性和实时性（图 4–11）。

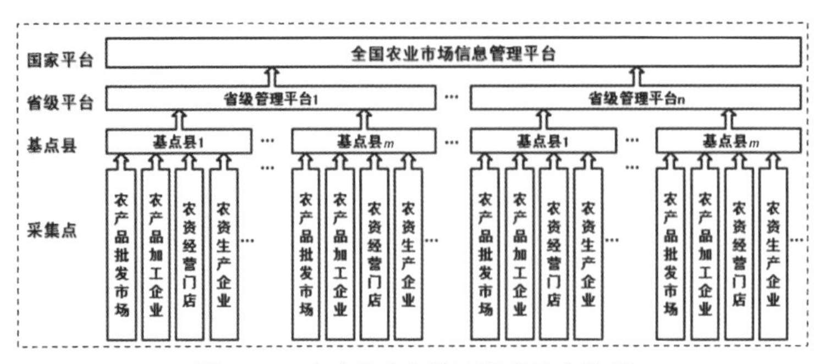

图 4-11　农产品市场管理信息平台构架

第四节　作物学大数据资源平台

2017 年以来，国家全力推进数字农业建设，主要农产品全产业链大数据平台建设已进入起步阶段。湖南农业大学高志强教授团队建成的“稻谷生产经营信息化服务云平台”是一种典型的作物大数据平台，此处以其案例进行介绍。

“稻谷生产经营信息化服务云平台”依托国家重点研发计划课题“水稻生产过程监测与智能服务平台建设”（课题编号：2017YFD506）于 2018 年建成并在湖南省内正式运行，定点对接湖南省 38 个基点县、852 个家庭农场、355 个农民专业合作社、38 家粮油加工企业、14 个农产品批发市场，截至 2021 年 10 月 20 日面上服务 220196 人次，是稻谷全产业链大数据采集平台、农业信息化服务平台、科技资源共享服务平台：①集成水稻生产过程物联网监测、遥感监测和稻谷生产经营面板数据采集系统，建成稻谷全产业链大数据平台。截至 2021 年 10 月 20 日，已积累稻谷全产业链大数据资源 4.2TB。②建成稻谷生产经营远程服务平台。提供远程诊断、在线咨询、在线学习、远程培训、产品溯源以及生产经营信息服务等功能，为稻谷生产经营者提供全方位的信息化服务，有效解决生产经营者与农业专家的地理区隔，依托云服务的实时交流、资源访问，大大降低了农业技术推广应用的社会成本，全面提升农业科技信息的普及和推广应用。③建成开放性科技资源共享服务平台。利用历年积累的稻谷全产业链大数据资源，以及“科研台账”提供的历史数据支撑和科研效益综合指标分析体系，使平台成为全新的开放性科技资源共享服务平台（图 4–12）。

图 4–12 稻谷生产经营信息化服务云平台登录页面

一、稻田物联网监测大数据

利用自主研发的稻田多源信息智能感知集成终端（集成 16 种传感器），在湖南省内布设 45 个监测点，实时采集和有效积累稻田资源环境大数据（每 10 分钟采集一次数据），同时建成 16 个视频监测点实时监测水稻生产过程（包括水稻长势监测、病虫监测、生产过程监测等），构建水稻生产过程的农业大数据采集平台（图 4–13），已采集稻田资源环境大数据和视频监测大数据 2.94TB。

图 4–13 水稻生产过程物联网监测体系交互界面

稻田物联网监测大数据包括两大块：①稻田资源环境传感数据。田间布设稻田多源信息智能感知集成终端，集成16种传感器，实时感知稻田资源环境指标变化情况，按10分钟的时间分辨率自动记录监测数据并生成K线图（图4–14）。②水稻生产过程视频监测数据。利用视频监测器实时采集水稻生产过程的动态影像。

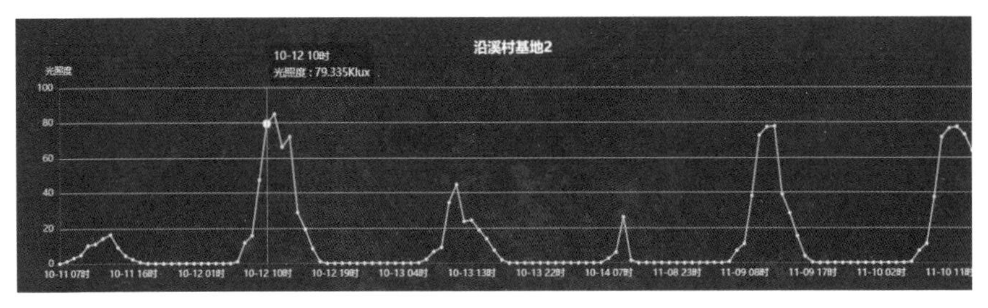

图4–14　稻田资源环境监测大数据示例：光照度

二、水稻生产遥感监测大数据

项目组实施了多年多点的水稻生产过程遥感监测地面试验和无人机遥感监测数据采集，在不同水稻种植模式（早稻、中稻、晚稻、再生稻）的主要生育时期实时采集水稻地面光谱数据、生长指标参数、光谱估测模型和无人机监测数据，通过光谱估测模型利用卫星影像，实现早稻、中稻、晚稻、再生稻的种植面积提取、长势遥感监测和遥感估产（图4–15），已采集水稻生产过程遥感监测数据1.27TB。近地遥感形成了一系列光谱特征监测数据（图4–16）。

三、稻谷生产经营面板数据

云平台挂接“稻谷生产经营信息采集系统”（该系统2014—2017年独立运行），采集和积累了2014年以来852个家庭农场、355个农民专业合作社的早稻、中稻、晚稻、再生稻各年度的种植计划、收获面积、实际产量、劳动用工、物资费用、收购进度、收购价格面板数据，以及稻米加工企业

早稻遥感监测 晚稻遥感监测 中稻遥感监测 再生稻遥感监测 油菜遥感监测 棉花遥感监测

图 4-15　水稻种植面积的卫星遥感影像反演

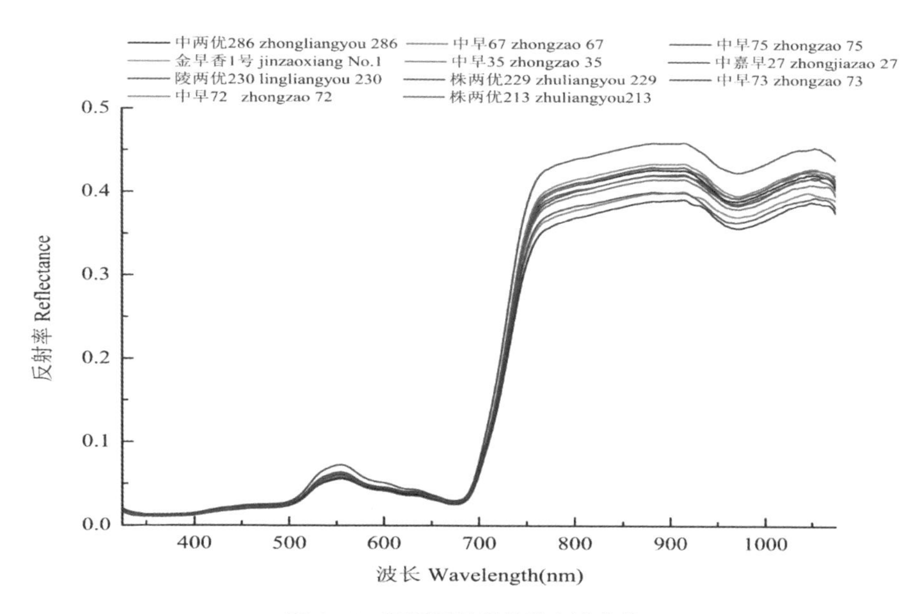

图 4-16　不同早籼稻品种光谱曲线

原料收购情况和稻米加工运行情况等面板数据资源，为政府决策提供数据支撑，为农业生产经营者提供信息服务（图 4–17）。

稻谷生产经营信息采集系统(热烈欢迎管理员高志强使用本系统)

基点县管理 种植计划 实际产量 劳动用工 物资费用 产品销售 粮油加工 数据分析 信息管理 进入云平台 退出系统

作物生产成本/效益分析表

指标	平均工资(元/天)	土地流转费(元/亩/年)	劳动用工(天/亩)	人工成本(元/亩)	物化成本(元/亩)	平均单产(千克/亩)	销售价格(元/50千克)	平均产值(元/亩)	毛收入(元/亩)	纯收入(元/亩)	利润(元/亩)
早稻	144.63	237.32	1.92	277.16	504.53	391.08	121.58	950.96	446.43	169.27	97.75
再生稻_头茬	131.65	237.32	2.02	265.63	563.83	505.48	128.93	1,303.44	739.61	473.99	395.96
中稻	142.92	237.32	2.37	338.82	601.74	511.30	140.17	1,433.35	831.60	492.78	401.75
再生稻_二茬	128.33	237.32	0.65	83.82	160.13	167.82	143.16	480.51	320.38	236.56	197.55
晚稻	143.19	237.32	1.83	262.60	530.84	332.67	135.28	900.09	369.25	106.65	28.62

图 4–17　稻谷生产经营信息采集系统数据示例：2020 年的作物生产成本 / 效益分析

四、稻谷生产经营远程服务

（1）远程诊断与在线咨询。面对千家万户的农业生产，农业技术推广是困扰农业领域的痛点：大量分散的生产经营者急需多样化的技术咨询和现场指导，有限的专家队伍无法满足生产需求，导致农业技术推广成本高、效率低、效果不理想。“稻谷生产经营信息化服务云平台”提供远程诊断与视频会议平台，克服了农业专家与生产经营者和生产场地的地理区隔，实现了农业专家与农业生产经营者的高效对接和远程服务，同时为农业生产经营者的交流互动提供了现代化平台（图 4–18）。

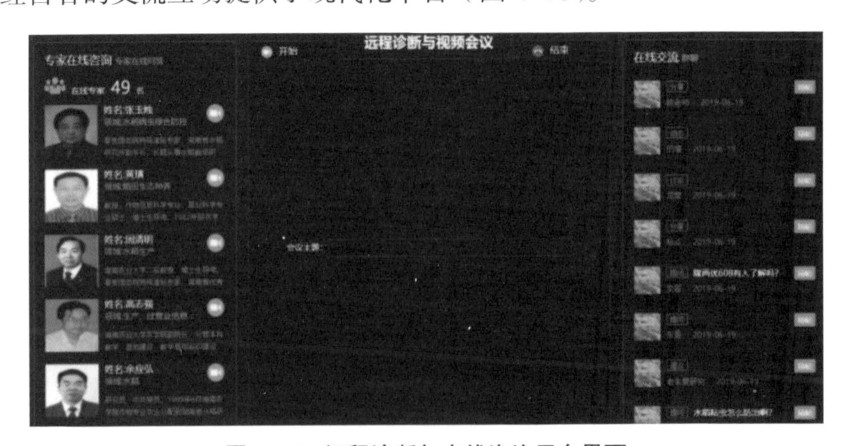

图 4–18　远程诊断与在线咨询平台界面

（2）在线学习与远程培训。平台提供水稻生产新技术、智慧农业、“互联网 +”现代农业、休闲农业与乡村旅游等板块的视频、图像、音频、文本等多样化教学素材，搭建在线学习与远程培训平台，为农业生产经营者提供了丰富的在线学习资源，为新型职业农民和现代青年农场主培育提供远程培训平台（图 4–19）。

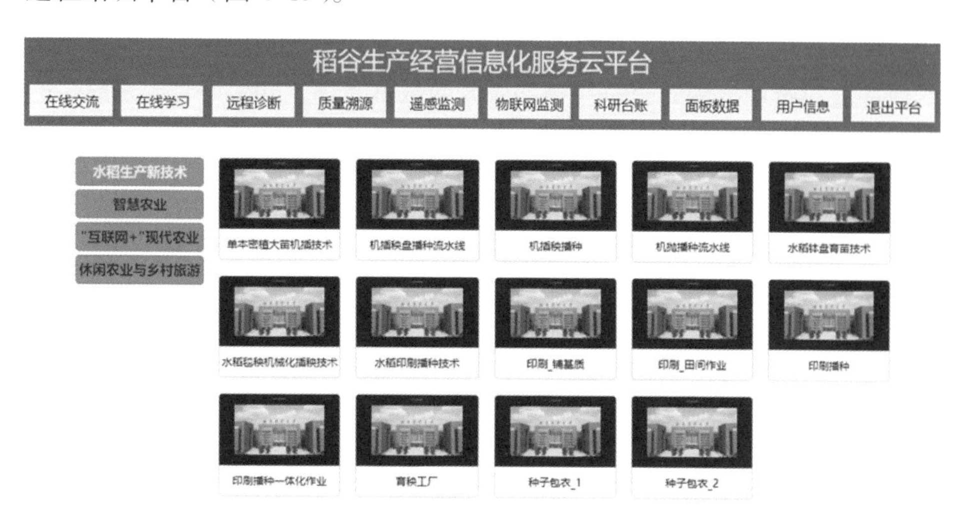

图 4–19　稻谷生产经营信息化服务云平台：在线学习页面

（3）产品溯源。平台提供两大农产品质量溯源接口，实现了农产品生产企业的生产过程追溯和消费者的产品质量溯源，为推进农产品身份证制度提供了特色平台（图 4–20）。

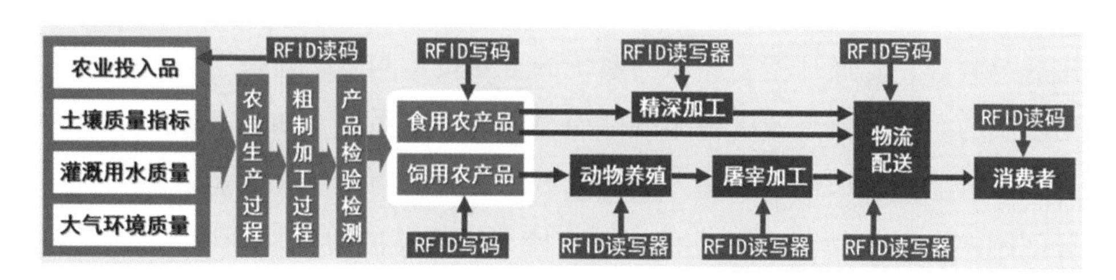

图 4–20　产品溯源工艺流程

第五章 农业知识库平台

作物学数字教学资源具有一个广泛的范畴，农业知识库也是非常重要的数字教学资源，同时也是作物学研究的数据支撑。知识库是未来社会的重要数字教学资源，也是重要的科技创新支撑平台。

第一节 知识库平台

一、知识工程与知识库

（一）知识工程

知识工程的概念是1977年美国斯坦福大学计算机科学家费根鲍姆教授（E.A.Feigenbaum）在第五届国际人工智能会议上提出的。知识工程是一门以知识为研究对象的新兴学科，它将具体智能系统研究中那些共同的基本问题抽出来，作为知识工程的核心内容，使之成为指导具体研制各类智能系统的一般方法和基本工具，成为一门具有方法论意义的科学。

知识工程是人工智能的原理和方法，对那些需要专家知识才能解决的应用难题提供求解的手段。恰当运用专家知识的获取、表达和推理过程的构成与解释，是设计基于知识的系统的重要技术问题。知识工程是以知识为基础的系统，就是通过智能软件而建立的专家系统。知识工程可以看成是人工智能在知识信息处理方面的发展，研究如何由计算机表示知识，进行问题的自动求解。知识工程的研究使人工智能的研究从理论转向应用，从基于推理的模型转向基于知识的模型，包括了整个知识信息处理的研究，知识工程已成为一门新兴的边缘学科。

1984 年 8 月全国第五代计算机专家讨论会上，史忠植提出：知识工程是研究知识信息处理的学科，提供开发智能系统的技术，是人工智能、数据库技术、数理逻辑、认知科学、心理学等学科交叉发展的结果。

知识工程过程包括五类活动：①知识获取。知识获取包括从人类专家、书籍、文件、传感器或计算机文件获取知识，知识可能是特定领域或特定问题的解决程序，或者它可能是一般知识或者是元知识解决问题的过程。②知识验证。知识验证是知识被验证（例如，通过测试用例），直到它的质量是可以接受的。测试用例的结果通常被专家用来验证知识的准确性。③知识表示。获得的知识被组织在一起的活动叫作知识表示。这个活动需要准备知识地图以及在知识库进行知识编码。④推论。这个活动包括软件的设计，使电脑做出基于知识和细节问题的推论。然后该系统可以推论结果提供建议给非专业用户。⑤解释和理由。这包括设计和编程的解释功能。

知识工程的过程中，知识获取被许多研究者和实践者作为一个瓶颈，限制了专家系统和其他人工智能系统的发展。

（二）知识库

知识库是知识工程中结构化，易操作，易利用，全面有组织的知识集群，是针对某一（或某些）领域问题求解的需要，采用某种（或若干）知识表示方式在计算机存储器中存储、组织、管理和使用的互相联系的知识片集合。这些知识片包括与领域相关的理论知识、事实数据，由专家经验得到的启发式知识，如某领域内有关的定义、定理和运算法则以及常识性知识等。

知识库的概念来自两个不同的领域，一个是人工智能及其分支——知识工程领域，另一个是传统的数据库领域。由人工智能（AI）和数据库（DB）两项计算机技术的有机结合，促成了知识库系统的产生和发展。

知识库是基于知识系统（或专家系统）具有智能性。并不是所有具有智能的程序都拥有知识库，只有基于知识的系统才拥有知识库。许多应用程序都利用知识，其中有的还达到了很高的水平，但是这些应用程序可能并不是基于知识的系统，它们也不拥有知识库。一般的应用程序与基于知识的系统之间的区别在于：一般的应用程序是把问题求解的知识隐含地编码在程序中，而基于知识的系统则将应用领域的问题求解知识显式地表达，并单独地组成一个相对独立的程序实体。

知识库的功能：①知识库使信息和知识有序化，是知识库对组织的首要贡献。建立知识库，必定要对原有的信息和知识做一次大规模的收集和整理，按照一定的方法进行分类保存，并提供相应的检索手段。经过这样一番处理，大量隐含知识被编码化和数字化，信息和知识便从原来的混乱状态变得有序化。这样就方便了信息和知识的检索，并为有效使用打下了基础。②知识库加快知识和信息的流动，有利于知识共享与交流。知识和信息实现了有序化，其寻找和利用时间大大减少，也便自然加快了流动。另外，由于在企业的内部网上可以开设一些时事、新闻性质的栏目，使企业内外发生的事能够迅速传遍整个企业，这就使人们获得新信息和新知识的速度大大加快。③知识库还有利于实现组织的协作与沟通。例如，施乐公司的知识库可将员工的建议存入。员工在工作中解决了一个难题或发现了处理某件事更好的方法后，可以把这个建议提交给一个由专家组成的评审小组。评审小组对这些建议进行审核，把最好的建议存入知识库。建议中注明建议者的姓名，以保证提交建议的质量，并保护员工提交建议的积极性。④知识库可以帮助企业实现对客户知识的有效管理。企业销售部门的信息管理一直是比较复杂的工作，一般老的销售人员拥有很多宝贵的信息，但随着他们客户的转变或工作的调动，这些信息和知识便会损失。因此，企业知识库的一个重要内容就是将客户的所有信息进行保存，以方便新的业务人员随时利用。

知识库的特点：①知识库中的知识根据它们的应用领域特征、背景特征（获取时的背景信息）、使用特征、属性特征等而被构成便于利用的、有结构的组织形式。知识片一般是模块化的。②知识库的知识是有层次的。最底层是“事实知识”，中间层是用来控制“事实”的知识（通常用规则、过程等表示），最高层是“策略”，它以中间层知识为控制对象。策略也常常被认为是规则的规则。因此知识库的基本结构是层次结构，是由其知识本身的特性所确定的。在知识库中，知识片间通常都存在相互依赖关系。规则是最典型、最常用的一种知识片。③知识库中可有一种不只属于某一层次（或者说在任一层次都存在）的特殊形式的知识——可信度（或称信任度、置信测度等）。对某一问题，有关事实、规则和策略都可标以可信度。这样，就形成了增广知识库。在数据库中不存在不确定性度量。因为在数据库的处理中一切都属于“确定型”的。④知识库中还可存在一个通常被称作典型方法库的特殊部分。如果对于某些问题的解决途径是肯定和必然的，就可以把其作为一部分相当肯定的问题解决途径直接存储在典型方法库中。这种宏观的存储将构成知识库的另一部分。在使用这部分时，机器推理将只限于选用典型方法库中的某一层体部分。

二、区块链与文献知识库

区块链技术（Block Chain Technology）又称分布式共享账本技术（Distributed Ledger Technology），是基于分布式数据存储、点对点传输、共识机制、加密算法等的颠覆性创新技术。Satoshi Nakamoto（2008）第一次提出“区块链”。2016年，工信部发布《中国区块链技术和应用发展白皮书》、国务院发布《“十三五”国家信息化规划》，为我国区块链技术发展提供政策支持；2019年10月24日，在中央政治局第十八次集体学习时，习近平总书记强调“把区块链作为核心技术自主创新的重要突破口”。区块链技术可分为公有区块链、联合区块链、私有区块链，具有去中心化、非对称加密、共识机制和智能合约等特点，在图书情报领域具有良好的应用价值和发展前景，与其相关的学术研究成果尤其是论文的数量正迅速增加。

（一）区块链与服务创新

区块链作为一种新型热点技术，将颠覆图书馆的传统服务模式，推进知识服务和资源服务创新，实现图书馆资源的共享化、管理的智能化、服务的智慧化。区块链视域下高校图书馆的服务升级与创新包括阅读推广服务的去中心化、馆藏流通服务模式的创新、信息服务的深化与升级、图书馆信用服务维度的创新。王美佳研究了图书馆信息资源共享、知识产权保护、网络学习等场景创新服务策略，以增强用户信息体验的满意度，实现图书馆的服务创新和空间再造。兰建华从资源维度、管理维度、服务维度和团队维度等角度分析了信息共享与区块链融合的创新策略。

（二）区块链与机构知识库

这一主题包括的关键词有区块链、图书馆、文献计量、机构知识库、长期保存。高校机构知识库主要用于收集保存科研人员的学术与智力成果，为用户提供存档、管理、发布、检索等系列服务，具有开放、共享等特点。机构知识库在长期运行过程中在数据规范性、可信任度、安全性和用户隐私等方面存在较多问题，区块链的去中心化、非对称加密、共识机制和智能合约，可以助力机构知识库知识产权保护、促进机构知识库数据开放与个人隐私保护、保障机构知识库数据长期安全保存、解决机构知识库的“去中心化”等问题。有学者以机构知识库的智能合约和加密技术为技术基础，构建了机构知识库的数据共享管理平台，用于实现数据资源的自动审核认证与发布共享。师衍辉等构建了融合区块链的机构知识库科学数据监护模型，以提高数据共享的效率、利用率和知识产权保护力度。

（三）区块链与智慧图书馆

这一主题包括的关键词有区块链、高校图书馆、研究热点、资源管理、智慧图书馆、数字图书馆、公共图书馆。“智慧图书馆”的概念最早由芬兰奥卢大学图书馆 Aittola 提出，他认为智慧图书馆是一个不受空间限制、可被感知的移动图书馆，是图书馆更高级的一个发展阶段。智慧图书馆建设以立体化的资源、全域化的服务和智慧化的支撑体系为主要目标，旨在为用户提供智能化、多样化、个性化的服务。区块链技术的去中心化、不可窜改、共识机制、智能合约和非对称加密算法等特征，可通过去信任达成共识、通过隐私安全达成可持续发展、通过智能合约达成智慧化，为构建智慧图书馆提供动力。2017 年 9 月，国内第一家“区块链”主题图书馆在深圳揭牌成立，拉开了图书馆信息服务革命性变革的序幕。区块链技术在构建智慧图书馆中的应用优势包括数据库透明安全、管理模式去中心化和用户协同参与机制。区块链技术可应用于流通模式、学习平台、数据安全、数据库利用效率、数字资源版权保护、知识流通模式等方面，实现图书馆的智慧化服务。国内图书馆界关于区块链技术在智慧图书馆建设中的应用也作了初步探讨，如分布式馆藏资源存储系统、智慧阅读系统、“信用校园”系统、网络教育系统和移动视觉搜索管理体系。

（四）区块链与大数据

这一主题包括的关键词有大数据、区块链技术、资源共享、知识图谱、版权。区块链和大数据作为互联网的底层技术，二者的交叉应用将为智慧图书馆建设提供新的驱动力。区块链是一种不可篡改、全记录的分布式数据库存储技术，可解决图书馆移动用户行为大数据挖掘的数量大、速度快、类型复杂等问题。在图书馆大数据平台中引入区块链技术，将促使大数据从单向收集变为多向交叉，降低大数据平台的构建成本，提高数据的系统化、可靠性、安全性和可信度。区块链对大数据的影响包括以下五个方面。①数据安全。基于区块链技术的大数据存储和处理不再依赖云服务器，数据通过节点分布在整个计算机网络上，可以显著提高图书馆用户数据的质量和安全性。②数据开放共享。数据开放的过程中存在个人隐私泄露的风险，区块链通过哈希处理等加密算法，可以加强对数据的私密性保护。③数据存储。区块链是一种不可篡改的、全记录的、强背书的数据库存储技术。④ 数据分析。区块链的可追溯性能保留数据分析的全部步骤，有效提高数据分析的安全性，使实时数据分析变成可能。⑤数据流通。基于去中心化的区块链能够有效破除数据流通过程中的拷贝数据威胁，并提供了可追溯性路径，可以有效识别被篡改数据，增加数据的透明性。

大数据解决了图书馆信息服务的针对性、有效性问题，区块链技术解决了图书馆信息收集的准确性、存储的安全性和传播的广泛性问题，二者的逐渐结合解决了传统图书馆技术中无法解决的一些难题。刘海鸥等将区块链与移动图书馆用户画像大数据有机结合，从用户画像大数据获取、处理、存储和安全隐私等方面阐述了基于区块链的图书馆用户画像大数据应用的具体策略。刘一鸣等分析了大数据时代区块链技术在高校图书馆数字资源建设中的应用，包括建设区块链数字资源收集子系统、区块链数字资源存储与使用子系统和区块链数字资源多样化服务子系统。

（五）区块链与馆藏资源

这一主题包括的关键词有区块链、馆藏资源、高校、数据共享、信息服务、数字资源。资源是图书馆的服务之本，将区块链技术与图书馆馆藏资源有机融合，不仅可以提高图书馆的信息化水平，还可以改善馆藏资源的管理和应用现状。在图书馆馆藏资源管理中引入区块链技术，有助于提升信息资源的挖掘深度、实现数据体系的协同构建、提高用户馆藏管理参与度，使分类存储管理实效更理想。①区块链的去中心化和分布式存储特点不仅可以提高馆藏资源数据库的存储能力和管理能力，还可以提高图书馆资源的共建共享水平，缓解部分高校图书馆经费短缺、学术资源不足等问题。②区块链技术的非对称加密技术将进一步完善图书馆资源的安全保障体系，提升图书馆的信息安全水平。③区块链的开放机制可以提高用户对馆藏资源管理的参与度。有学者提出了区块链在馆藏资源借阅中的应用实例，认为区块链技术可以提高馆藏资源利用的效率。

（六）区块链与智慧服务

这一主题包括的关键词有区块链、去中心化、智慧服务、联盟馆、资源建设、应用服务、应用场景、CiteSpace。图书馆传统的信息服务模式很难满足用户多样化个性化的需求，图书馆服务升级迫在眉睫。区块链技术将不断提升图书馆的基础设施和服务方式，驱动图书馆向智慧服务转变。区块链技术具备“去中心化”“去信任”等优点，通过分布式节点实现数据的存储和处理，可减轻用户对传统图书馆的依赖程度，保障馆藏资源安全，推进图书馆从信息传播者向组织管理者转变，为用户提供多样化、个性化、专业化的智慧服务。基于区块链技术的智慧服务相较于传统图书馆的信息服务，具有读者体验良好、效率高、费用低、安全性能高等优势。

区块链技术可助力图书馆转变管理方式、机构库建设和知识服务，满足读者对馆内设备、空间和网络学习交流平台的智慧服务需求。屈艳玲基于区块链的技术特征，提出一种基于Fab-ric的自律型信用网借环境架构，该架构由读者管理、区块链节点服务、区块链管理、智能合约、流通业务处理、云存储等服务模块组成，通过建立读者信用大数据，优化和重塑网络借阅生态，实现图书馆网络借阅的"自律化"运行。未来图书馆应基于区块链技术，将馆藏资源、馆员、用户、服务、技术有机结合，打造全方位、一体化、个性化的服务平台，进一步为用户提供优质高效的服务。

（七）未来发展趋势

区块链的概念自提出以来，在图书馆学界引起了广泛关注，为智慧图书馆的建设带来了新的机遇和挑战。然而，区块链在图情领域的应用尚处于文献研究阶段，未来还需从以下几个方面努力。①引进和培养专业型复合型人才。《2016年高校图书馆发展大趋势》强调了掌握高新技术的专业型人才对图情领域的重要性。在智慧图书馆建设中，引进专业型复合型人才，对区块链等新兴技术在图书馆建设中的应用至关重要。同时，图书馆也应加强对图书馆员新兴技术素养的要求和培训，引进新技术素养的考核和评价机制。②建立统一的行业标准。2017年，工信部发布中国首个区块链标准《区块链参考框架》。国际标准化组织（ISO）、国际电信联盟（ITU）、万维网联盟（W3C）等国际机构也纷纷启动区块链标准化工作。我国图书馆应在国内和国际区块链框架下制定图书馆区块链标准，包括区块链技术框架标准、数据保存和利用标准、信息安全标准等，构建科学规范的图书馆区块链应用环境。③"区块链+"模式。在图书馆区块链领域，进一步融合其他高新技术，可以加快我国图书馆智慧化建设步伐。第一，区块链+云计算。这种模式可以利用区块链的分布式技术解决云计算的存储问题，完成对图书馆庞大数据的存储、处理和流通，实现电子资源的管理和共享。第二，区块链+大数据+人工智能。这种模式利用大数据对区块链技术存储的海量用户信息进行挖掘，强化人工智能领域的机器学习和深度学习，进而开发新型人工智能设备，改变图书馆的服务模式，推进图书馆智慧化进程。第三，区块链 + 物联网 + 射频识别技术 RFID。这种模式由物联网通过无线射频技术连接物品与互联网，实现馆藏资源管理、读者定位等功能。由于网络的开放性，图书馆物联网存在一定的安全隐患，而区块链的去中心化、智能合约和非对称加密等优点可以有效解决数据安全问题。

三、课程资源知识库设计

2018 年教育部印发的《教育信息化 2.0 行动计划》着重强调了积极推进"互联网 + 教育"发展和数字化教育共享资源的建设。《人工智能 + 教育蓝皮书》(2018)提出了智能教育环境、智能学习过程支持、智能教育评价、智能教师助理和教育智能管理与服务五大"人工智能 + 教育"场景。因此提升信息技术素养、加强教育资源数据汇集挖掘是实现"人工智能 + 教育"重要组成部分。而目前的教育领域中应用数据挖掘、神经网络技术进行分析相对较少，很多教育资源数据一般都停留在数据备份查询阶段，知识碎片化较为严重。

从现代教学信息技术角度看，人工智能是一种崭新的教学信息处理技术，其主要作用是对教育数字化资源、教学数据进行抽取转换分析和其他模型化处理，从中提取出辅助教学质量的关键性数据进行整合，进而有效辅助线上教学，使学生受益。

（一）平台需求分析

教育数字资源服务群体有教师、学生和自学者等，资料来源及内容丰富，类型有电子图书、图片素材、教学视频、课件、测试题、试卷等。对这些海量的学习资源进行收集汇聚，通过网络平台 Web 端以可视化图谱方式为用户提供数字化教育服务，可以有效减轻教师和学生的学习任务的同时可提高学科资源的共享价值。根据以上特点，教育资源知识库系统首先应界面友好、使用方便、功能简便，保证用户体验效果、响应时间迅速，能够调动学生学习积极性。其次还应具备以下主要功能：第一，用户通过前端进行注册登录编辑个人资料，管理员则对注册信息审核、权限分配、对用户信息进行管理。第二，管理员在系统后端对相关学科信息进行编辑、对知识点实体可视化展示并对其进行增删改查、对知识点详细内容进行编辑；用户通过前端检索知识点，查阅知识点概念及可视化的知识点实体关系。第三，管理员在后端题库模块可编辑与知识点相关的测试题目，支持批量导入导出，文件资源模块可上传课件、电子图书、文献材料等学科知识相关资料；用户在前端通过做知识点测试题目达到复习巩固目的，也可通过阅览下载已上传的文件资源进行知识拓展（图 5–1）。

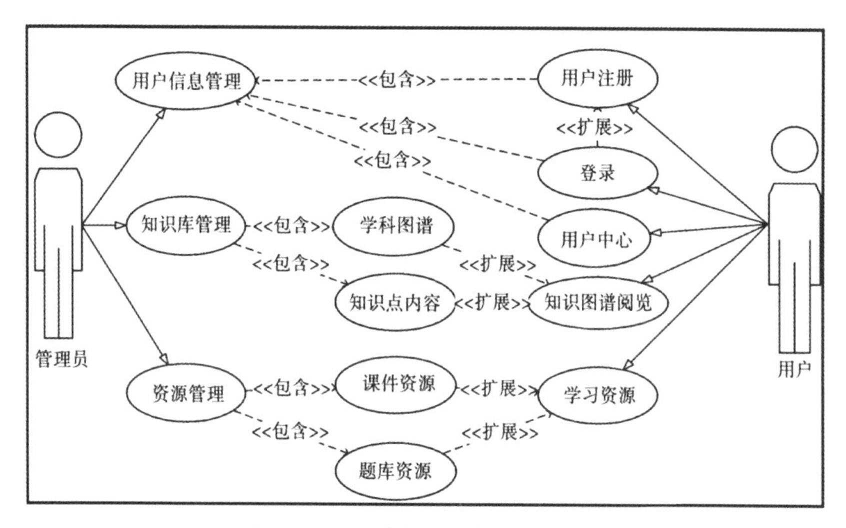

图 5–1　课程资源知识库平台用例图

（二）技术框架

根据教学需求和软件的实际使用情况，本平台采用 B/S 架构、TOMCAT 服务器、MySql 关系型数据库、Neo4j 图数据库、Echarts 可视化图形库和 SSM 框架设计。Neo4j 图数据库是基于图论的一种新型非关系型数据库。图论中图的基本元素为节点和边，在图数据库中对应的是实体节点和边的关系。Neo4j 可以被看作是一个面向网络的高性能图引擎，该引擎具有成熟数据库的所有特性。SSM 框架是 Spring、Spring MVC 和 MyBatis 框架的整合，框架将整个系统划分为表示层、Controller 层、Service 层、DAO 层四层。其中 Spring MVC 框架负责请求的转发和视图管理，Spring 框架实现业务对象管理，MyBatis 框架作为数据对象的持久化引擎（图 5–2）。

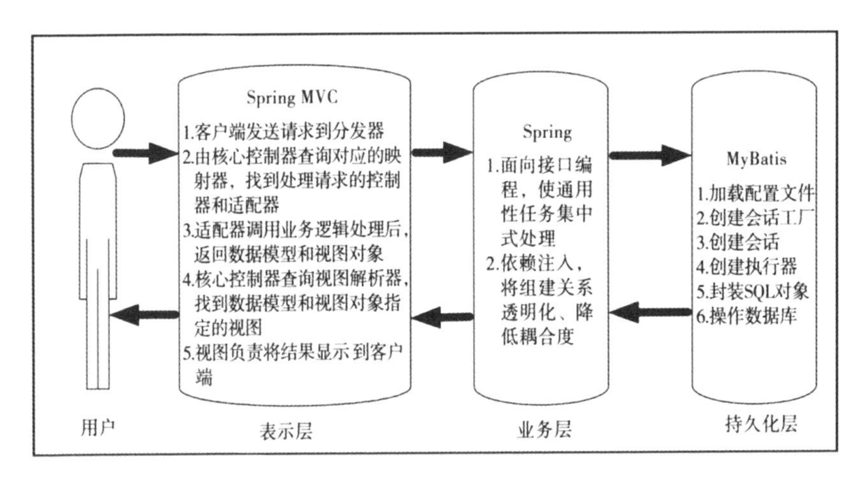

图 5–2　SSM 框架工作原理图

（三）课程知识库构建方法

知识库是教育行业中最重要的基础资源库，所有教育信息化的应用都是建立在知识库的基础上的，而知识库的内容结构框架可以很好地用知识图谱来搭建。知识图谱描述客观世界的概念、实体、事件及其间的关系。其中概念是指人们在认识世界过程中形成的对客观事物的概念化表示，实体是客观世界中的具体事物，关系描述概念、实体、事件之间客观存在的关联。知识图谱一般分为垂直领域知识图谱和开放领域知识图谱。开放领域的知识图谱比较多，科研领域有 Freebase、Wikidata、DBpedia、YAGO 等，工程领域有谷歌的 Knowledge Graph、搜狗的“知立方”、百度的“知心”等。垂直领域因其特殊性，目前有地理领域知识图谱 Geonames 和“天眼查”企业领域知识图谱平台。

近几年来，知识图谱在教育教学活动中的运用也开始受到关注。刘淇等学者提出对教育资源深度表征算法，并把技术思想应用到个性化教育中。冯俐使用 Neo4j 图数据库和前端 D3.js 框架构建了中学语文诗词知识图谱。王萍等研究者从文献、地平线报告、技术成熟度三个方面梳理教育人工智能应用研究现状，提出了基于自动化方法的教育人工智能系统设计思路。钟卓等学者利用机器学习和知识图谱构建方法对知识内容、关联关系、映射关系、学习路径进行分析，为自适应学习提供了新方法。可见各种结构化、半结构化、非结构化的教育数据资源都可以链接到知识图谱中的知识点节点上，进而根据知识点实体关系构建相应学科的教学资源领域知识图谱，使学习者理清知识脉络，提高学习效率。通常知识图谱构建包括知识建模、知识获取、知识融合、知识存储、知识计算、知识应用等步骤，会应用到实体抽取、关系抽取、实体消歧、共指消解和知识推理技术（图 5–3）。

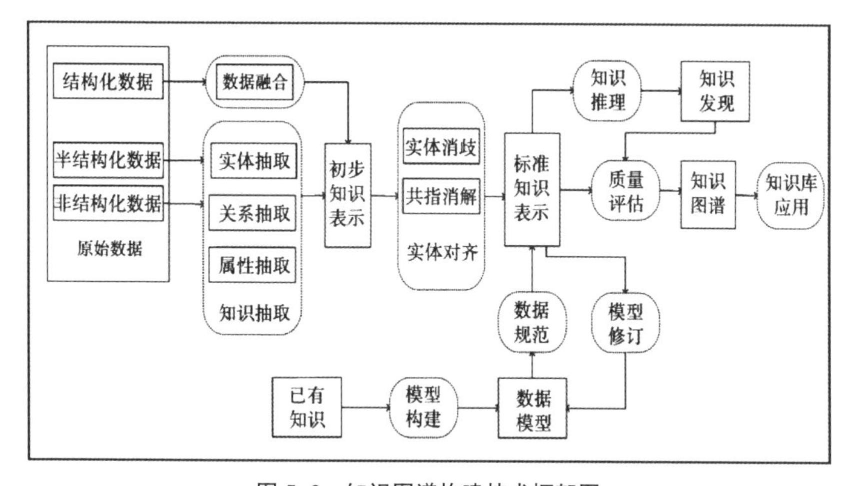

图 5–3　知识图谱构建技术框架图

四、专业知识库平台建设

面向某一专业领域的知识库，都属于专业知识应用和知识服务的范畴，需要充分的专业知识来支撑，可以称为专业知识库。出版社曾编辑出版了大量专业图书，但与实际工作需要相比，这些专业书刊承载的知识量有限，查找费时费力，利用率低。虽然电子文献数据库和电子书库提高了文献信息查找的速度和效率，也能提供一定的知识服务，但基本服务于研究和探索领域，没能实现提供精准、全面和实用的知识服务。这对专业出版机构、专业技术服务机构和社会管理部门而言，既是一个巨大的挑战，也是一次改革和创新的机会。专业出版社可以由此开展知识服务业务，实现从文本传播向知识服务的转型；专业技术机构可以建立支撑与企业业务相关的专业知识库，提高竞争力；社会管理部门可以借助知识库实现社会管理的信息化、智能化。因此，建立面向服务和应用的专业知识库及管理服务平台是有意义的、基础性的知识工程。

（一）专业知识服务的特征及对知识组织的要求

专业领域的知识服务类型很多，比如科学研究、工程技术、社会管理等，都需要专业知识和知识服务做支撑。提供专业知识服务的不仅有出版社、科技企业，还有高校和科研院所，甚至政府部门因工作需要也要建设专业知识库。专业知识服务对知识信息的选择和组织有很高的要求，要在众多数据、知识之间建立精准的、完备的、可靠的信息关联。

知识库的构建是在使用中逐步积累完善起来的。一方面，随着时间推移，事件知识、策略知识、报道信息在不断增加，知识的数量也在增加，用户的知识选用和评价信息也在不断增加。比如，一个注册用户数超过1万的舆情知识库，可能产生几十万甚至几百万个评价数据，根据这些评价数据，我们可以筛选优化策略，优化知识库本身。另一方面，随着知识服务要求的不断提高，知识库中的知识要不断更新，有的知识可能被淘汰，有的需要更新应用场景，有的需要调整价值系数，还可能需要增减知识标注或标签。同时，知识库的结构也需要改造，要增加一些知识描述项，或屏蔽一些知识描述项等。由此可见，在专业知识服务的过程中，知识库既要进行知识服务，自身也要进行及时的充实、更新和优化。同时，科学合理的知识库逻辑结构对知识服务的能力提升具有很大的推动作用。在知识库建设实践中，常常将知识库分为事实知识库和执行知识库两部分，在层次上分为知识库构建层、知识库层、应用层。因此，在专业知识库的建设过程中，首先要对大量类似故障记录、舆情事件记录的数据整理分析，其次要使专业领域的知识表示方法能正确反映特定领域的知识特征。这些都是传统书刊出版做不到的，只有在数字出版和网络出版平台中才能实现。

在信息化环境下，专业的知识服务体系大多由知识数据库、应用软件和人机交互等部分组成。知识库存储有充分的以适当形式表示的领域知识集合，包括常识的、书本的和经验的。大型复杂设备的故障诊断所需要的知识数量多、涉及面广，包括故障现象、故障原因、故障诊断结论、处置策略、处置效果等信息，这些单靠人脑记忆和自身所具备的经验是不够的，需要专业知识库来支撑。农作物病虫害防治知识库也是如此，需要用合理的格式对问题进行描述。专业知识服务应用到生活上，会出现贴近民生的服务知识库，如菜谱知识库以及菜谱推荐系统，能直观地为用户推荐相似度较高的菜谱。因此，构造高效、完善的知识库管理系统会起到非常重要的作用。

（二）专业知识库平台建设需要解决的关键问题

知识库建设的难点之一就是知识库平台建设。根据相关理论和作者的知识库研发实践，专业知识库平台建设重点要解决需求提取、知识表达、知识之间关联、知识库体系结构、技术选型和开发模式等问题。①专业知识库建设是从需求分析开始的。不同的任务对知识的数量和精度及组织体系的要求有很大差别。需要通过需求分析确定知识库用户的知识需求、功能需求。机电故障诊断知识库、农作物病虫害防治知识库以及作者研发的舆情知识库，都是从需求出发的。②专业知识库建设需要选择合适的表示方法，做好知识单元的描述。不同领域的知识信息，其特征要素及描述结构差别很大，需要专门的描述结构和知识库结构。与案例性知识不同，模型性知识大多可以抽象表达为数学模型，符号性知识多以规则、框架等形式表示。就舆情知识库而言，舆情事件描述是基础，甚至常涉及突发事件的表示。借鉴层次网络表示方法，可将突发事件模型分为框架模型层、筛选模型层、属性模型层，有助于实现模型的动态组合和决策优化。③专业知识库建设需要解决知识之间的关联问题。知识库是结构化、有组织的知识集群，需要在近似碎片化的知识之间建立精准的关联关系，构建知识索引表、关联表、详细标注体系等。④专业知识库建设需要解决知识库体系结构问题。专业知识库服务范围广，是一个完整的知识体系，既要有科学的知识表达体系，又要有完整的知识库管理体系，既要对知识库中的知识进行管理，也要对知识表示模型进行分类归纳。因此，机电故障诊断知识库包括故障事件、故障现象、故障原因分析、故障诊断结论、处置策略、处置效果等信息，农作物病虫害防治知识库也有类似的描述结构。此外，专业知识库的建设是动态的，我们不仅要搭建合理的知识库架构，还要让其具有知识的动态维护和优化功能。⑤专业知识库建设需要解决技术选型和开发模式问题。数据库技术、数据挖掘等技术工具的选择，需要经过定性归纳、关联规则分析等加工处理，使信息上升为知识，成为有指导作用的决策支持系统。同时，我们要重视建设方式，即使是委托开发，也需要建立自己的知识库分析、设计和运维团队。

第二节　农业知识库平台

一、科学文献知识库

科学文献知识库源于图书情报资料系统。在原有图书情报系统（或图书馆）资源的基础上，利用现代信息技术进行综合处理和系统运筹，形成科学文献知识库。科学文献知识库承载大量的科学文献，用户必须关注文献类型：①零次文献。指未经正式发表或未形成正规载体的一种文献形式，如书信、手稿、会议记录、笔记等。具有客观性、零散性、不成熟性等特点。一般是通过口头交谈、参观展览、参加报告会等途径获取，不仅在内容上有一定的价值，而且能弥补一般公开文献从信息的客观形成到公开传播之间费时甚多的弊病。零次文献在原始文献的保存、原始数据的核对、原始构思的核定（权利人）等方面有着重要的作用。②一次文献（primary document）。是指作者以本人的研究成果为基本素材而创作或撰写的文献，不管创作时是否参考或引用了他人的著作，也不管该文献以何种物质形式出现，均属一次文献。大部分期刊上发表的文章和在科技会议上发表的论文均属一次文献。③二次文献（secondary document）。是指文献工作者对一次文献进行加工、提炼和压缩之后所得到的产物，是为了便于管理和利用一次文献而编辑、出版和累积起来的工具性文献。检索工具书和网上检索引擎是典型的二次文献。④三次文献（tertiary document）。是指对有关的一次文献和二次文献进行广泛深入的分析研究、综合概括而成的产物，如大百科全书、辞典、电子百科等。

科学文献知识库种类繁多，任何高校图书馆或城市图书馆都有丰富的馆藏资源，各类图书馆的馆藏资源通过构建科学文献知识库，大大提升了文献利用效率（图 5–4）。

图 5–4　湖南农业大学图书馆主界面

二、农业科学数据库

（一）国家农业科学数据中心

随着互联网技术的发展，农业数据库必将向多元化、全球化、商品化和多媒体化发展。我国国家农业科学数据共享中心 www.agridata.cn 目前是国内最大的数据元数据库，最具权威性（图 5–5）。

图 5–5　国家农业科学数据中心屏幕呈现

国家农业科学数据中心的农业科学数据来源于相关农业科学研究机构和高等学校的教学科研人员所承担的科研项目，以“十三五”国家重点研发计划“粮食丰产增效科技创新”重点专项为例，各项目必须提交数据汇交计划，这是极具价值的数据资源（图 5–6）。

在所提交的数据汇交计划获得专业机构审批认可以后，各项目必须提交符合要求的数据汇交内容（图 5–7）。在数据汇交内容审批通过以后，再按照数据汇交计划和数据汇交内容的界定提交符合要求的高质量数据资源。

	概述								资源清单	
*科学数据集名称	*数据内容	*采集方案	*采集地点	*采集开始时间（时间格式：年/月/日）	*采集结束时间（时间格式：年/月/日）	*设备情况	其他说明	*数据类型	*预估数据量/记录数	*公开起始时间（时间格式：年/月/日）
2019年4月赫山基地1稻田资源环境监测数据	含有降雨量、	田间布设稻田	赫山区笔架山	2019年4月1日	2019年4月30日	稻田多元信息智能感知集成		科学数据	2.43MB/29778条记录	2021年7月1日
2019年5月赫山基地1稻田资源环境监测数据	含有降雨量、	田间布设稻田	赫山区笔架山	2019年5月1日	2019年5月30日	稻田多元信息智能感知集成		科学数据	2.69MB/32975条记录	2021年7月1日
2019年6月赫山基地1稻田资源环境监测数据	含有降雨量、	田间布设稻田	赫山区笔架山	2019年6月1日	2019年6月30日	稻田多元信息智能感知集成		科学数据	4.46MB/55264条记录	2021年7月1日
2019年7月赫山基地1稻田资源环境监测数据	含有降雨量、	田间布设稻田	赫山区笔架山	2019年7月1日	2019年7月30日	稻田多元信息智能感知集成		科学数据	3.18MB/39080条记录	2021年7月1日
2019年8月赫山基地1稻田资源环境监测数据	含有降雨量、	田间布设稻田	赫山区笔架山	2019年8月1日	2019年8月27日	稻田多元信息智能感知集成		科学数据	3.83MB/47307条记录	2021年7月1日
2019年9月赫山基地1稻田资源环境监测数据	含有降雨量、	田间布设稻田	赫山区笔架山	2019年9月1日	2019年9月26日	稻田多元信息智能感知集成		科学数据	2.95MB/36272条记录	2021年7月1日
2019年10月赫山基地1稻田资源环境监测数据	含有降雨量、	田间布设稻田	赫山区笔架山	2019年10月1日	2019年10月30日	稻田多元信息智能感知集成		科学数据	3.64MB/44940条记录	2021年7月1日
2019年11月赫山基地1稻田资源环境监测数据	含有降雨量、	田间布设稻田	赫山区笔架山	2019年11月1日	2019年11月30日	稻田多元信息智能感知集成		科学数据	3.56MB/43964条记录	2021年7月1日
2019年12月赫山基地1稻田资源环境监测数据	含有降雨量、	田间布设稻田	赫山区笔架山	2019年12月1日	2019年12月30日	稻田多元信息智能感知集成		科学数据	3.65MB/45499条记录	2021年7月1日
2020年1月赫山基地1稻田资源环境监测数据	含有降雨量、	田间布设稻田	赫山区笔架山	2020年1月1日	2020年1月30日	稻田多元信息智能感知集成		科学数据	1.39MB/16869条记录	2021年7月1日
2020年2月赫山基地1稻田资源环境监测数据	含有降雨量、	田间布设稻田	赫山区笔架山	2020年2月1日	2020年2月28日	稻田多元信息智能感知集成		科学数据	3.68MB/45525条记录	2021年7月1日
2020年3月赫山基地1稻田资源环境监测数据	含有降雨量、	田间布设稻田	赫山区笔架山	2020年3月1日	2020年3月30日	稻田多元信息智能感知集成		科学数据	3.5MB/43096条记录	2021年7月1日
2020年4月赫山基地1稻田资源环境监测数据	含有降雨量、	田间布设稻田	赫山区笔架山	2020年4月1日	2020年4月30日	稻田多元信息智能感知集成		科学数据	2.87MB/34789条记录	2021年7月1日
2020年5月赫山基地1稻田资源环境监测数据	含有降雨量、	田间布设稻田	赫山区笔架山	2020年5月1日	2020年5月30日	稻田多元信息智能感知集成		科学数据	3.8MB/46378条记录	2021年7月1日
2020年6月赫山基地1稻田资源环境监测数据	含有降雨量、	田间布设稻田	赫山区笔架山	2020年6月1日	2020年6月30日	稻田多元信息智能感知集成		科学数据	4.35MB/53568条记录	2021年7月1日
2020年7月赫山基地1稻田资源环境监测数据	含有降雨量、	田间布设稻田	赫山区笔架山	2020年7月1日	2020年7月27日	稻田多元信息智能感知集成		科学数据	2.27MB/27581条记录	2021年7月1日
2020年8月赫山基地1稻田资源环境监测数据	含有降雨量、	田间布设稻田	赫山区笔架山	2020年8月5日	2020年8月30日	稻田多元信息智能感知集成		科学数据	1.29MB/15661条记录	2021年7月1日
2020年9月赫山基地1稻田资源环境监测数据	含有降雨量、	田间布设稻田	赫山区笔架山	2020年9月1日	2020年9月30日	稻田多元信息智能感知集成		科学数据	2.74MB/33674条记录	2021年7月1日
2020年10月赫山基地1稻田资源环境监测数据	含有降雨量、	田间布设稻田	赫山区笔架山	2020年10月1日	2020年10月30日	稻田多元信息智能感知集成		科学数据	2.6MB/31967条记录	2021年7月1日
2020年11月赫山基地1稻田资源环境监测数据	含有降雨量、	田间布设稻田	赫山区笔架山	2020年11月1日	2020年11月30日	稻田多元信息智能感知集成		科学数据	0.84MB/10153条记录	2021年7月1日
2020年12月赫山基地1稻田资源环境监测数据	含有降雨量、	田间布设稻田	赫山区笔架山	2020年12月1日	2020年12月30日	稻田多元信息智能感知集成		科学数据	[illegible]	2021年7月1日

图 5-6　农业科学数据中心需要提交的数据汇交计划

汇交数据总体情况说明（已有数据同步于计划内容，请勿修改，修改无效；可新增行；提交方式为线上提交的数据集对应的实体数据请线上提交）											
*科学数据集名称（需包含所有汇交计划的数据集，且数据集名称务必与计划完全一致；可多于计划的数据集）	*数据类型	*预估数据量/记录数	*公开起始时间（时间格式：年/月/日）	*数据格式	*共享方式	*提交方式	备注	*采集人/加工人	*联系电话 手机号或座机号码（0xx-xxxxxxxx）	*邮箱	*所在单位
2019年4月赫山基地1稻田资源环境监测数据	科学数据	2.43MB/29778条记录	2021年9月1日	EXCEL	完全共享	线上提交		高志强，等	13755058201	100640117@qq.com	湖南农业大学
2019年5月赫山基地1稻田资源环境监测数据	科学数据	2.69MB/32975条记录	2021年9月1日	EXCEL	完全共享	线上提交		高志强，等	13755058201	100640117@qq.com	湖南农业大学
2019年6月赫山基地1稻田资源环境监测数据	科学数据	4.46MB/55264条记录	2021年9月1日	EXCEL	完全共享	线上提交		高志强，等	13755058201	100640117@qq.com	湖南农业大学
2019年7月赫山基地1稻田资源环境监测数据	科学数据	3.18MB/39080条记录	2021年9月1日	EXCEL	完全共享	线上提交		高志强，等	13755058201	100640117@qq.com	湖南农业大学
2019年8月赫山基地1稻田资源环境监测数据	科学数据	3.83MB/47307条记录	2021年9月1日	EXCEL	完全共享	线上提交		高志强，等	13755058201	100640117@qq.com	湖南农业大学
2019年9月赫山基地1稻田资源环境监测数据	科学数据	2.95MB/36272条记录	2021年9月1日	EXCEL	完全共享	线上提交		高志强，等	13755058201	100640117@qq.com	湖南农业大学
2019年10月赫山基地1稻田资源环境监测数据	科学数据	3.64MB/44940条记录	2021年9月1日	EXCEL	完全共享	线上提交		高志强，等	13755058201	100640117@qq.com	湖南农业大学
2019年11月赫山基地1稻田资源环境监测数据	科学数据	3.56MB/43964条记录	2021年9月1日	EXCEL	完全共享	线上提交		高志强，等	13755058201	100640117@qq.com	湖南农业大学
2019年12月赫山基地1稻田资源环境监测数据	科学数据	3.65MB/45499条记录	2021年9月1日	EXCEL	完全共享	线上提交		高志强，等	13755058201	100640117@qq.com	湖南农业大学
2020年1月赫山基地1稻田资源环境监测数据	科学数据	1.39MB/16869条记录	2021年9月1日	EXCEL	完全共享	线上提交		高志强，等	13755058201	100640117@qq.com	湖南农业大学
2020年2月赫山基地1稻田资源环境监测数据	科学数据	3.68MB/45525条记录	2021年9月1日	EXCEL	完全共享	线上提交		高志强，等	13755058201	100640117@qq.com	湖南农业大学
2020年3月赫山基地1稻田资源环境监测数据	科学数据	3.5MB/43096条记录	2021年9月1日	EXCEL	完全共享	线上提交		高志强，等	13755058201	100640117@qq.com	湖南农业大学
2020年4月赫山基地1稻田资源环境监测数据	科学数据	2.87MB/34789条记录	2021年9月1日	EXCEL	完全共享	线上提交		高志强，等	13755058201	100640117@qq.com	湖南农业大学
2020年5月赫山基地1稻田资源环境监测数据	科学数据	3.8MB/46378条记录	2021年9月1日	EXCEL	完全共享	线上提交		高志强，等	13755058201	100640117@qq.com	湖南农业大学
2020年6月赫山基地1稻田资源环境监测数据	科学数据	4.35MB/53568条记录	2021年9月1日	EXCEL	完全共享	线上提交		高志强，等	13755058201	100640117@qq.com	湖南农业大学

图 5-7　农业科学数据中心需要提交的数据汇交内容

（二）农业和自然资源数据库

国际应用生物科学中心（CABI）通过传播、应用和研究农业和生物科学，以信息产品支持农业、林业、人类健康、自然资源管理等领域，为人类健康服务。目前，加入该组织的成员国达 41 个，中国于 1995 年 8 月正式成为 CABI 成员国。CABI 出版编辑和维护着两个大型数据库：农业与自然资源数据库（CAB ABSTRACTS）和人类健康与营养数据库（GLOBAL HEALTH），它的许多产品都是从这两个数据库衍生而成。

（三）国际农业科技情报系统（AGRIS）

AGRIS 光盘数据库是由 AGRIS 协调中心和联合国粮农组织（FAO）所属的国际农业科技情报系统编辑的书目数据库。该数据库涉及的学科范围包括农业、林业、畜牧业、渔业、食品科学、地球科学、环境科学、农业工程、人口、经济、法律、教育等。其文献来源于 146 个 AGRIS 国家中心及 22 个国际组织提供的期刊论文、科技报告、会议文献，同时也收录少量的专利、技术标准等。AGRIS 光盘数据库收录了 1975 年以来的有关文献，累计文献量达 320 余万条，每年新增记录 13 万条左右。1979 年起，部分数据提供了文摘，文摘语种可能是英文，也可能为西班牙语、法语或其他西文语种。1986 年起，DE 字段包含了 AGRIS 主题词中的英文、法文和西班牙文主题词。所以，AGRIS 中不仅提供了英文主题词，同时还提供有西班牙语、法语等多语种主题词，这为利用非英语检索提供了检索途径。

三、农业知库应用

农业知库的全称是农业专业知识服务系统，是中国农业科学院农业信息研究所研发的农业专业知识库。它包括特色资源、知识应用、农业专题、情报服务、数据服务、农知播、开放平台等功能模块。以其中的特色资源模块为例，又涵盖国际行业报告、农业区划报告、高端论坛报告、产业分析报告、科研态势报告、宏观发展报告、竞争力分析报告等板块，为学习者提供了丰富的数学教学资源，也为科研工作者提供了丰富的最新数据资源（图 5–8）。

农业知库的使用很简单，知识获取者可以采用网络冲浪的方式获取自己所需要的各类知识或数据（图 5–9）。

图 5–8　农业专业知识服务系统页面示例

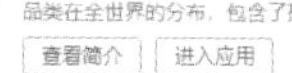

图 5–9　农业知识库中的资源示例

参考文献

[1] 中华人民共和国教育部. 教育部关于加强高等学校在线开放课程建设应用与管理的意见(教高〔2015〕3号). http://www. moe. edu. cn/publicfiles/business/htmlfiles/moe/, 2015–04–16.

[2] 王协 . 运用学校网络教学平台提高技能教学效果 [J]. 价值工程 , 2017(31): 244–245.

[3] 中共中央关于全面深化改革若干重大问题的决定 . [DB/OL]http://www. audit. gov. cn/n4/n18/c4169/content. html, 2013–11–12.

[4] 国务院关于加强基础教育改革与发展的决定(国发〔2001〕21号). [DB/OL] http://www. moe. gov. cn/jyb_xxgk/moe_1777/moe_1778/201412/t20141217_181775. html.

[5] 教育部关于进一步深化本科教学改革全面提高教学质量的若干意见(教高〔2007〕2号). http://www. moe. gov. cn/srcsite/A08/s7056/200702/t20070217_79865. html.

[6] 周济 . 实施“质量工程”贯彻“2号文件”全面提高高等教育质量 . 2007–02–28.

[7] [DB/OL]http://www. core. org. cn/core/opencourse/course.

[8] 教育部关于启动高等学校教学质量与教学改革工程精品课程建设工作的通知(教高 [2003]1号). http://www. moe. gov. cn/s78/A08/gjs_left/s5664/moe_1623/s3843/201010/t20101018_109658. html.

[9] 教育部、财政部关于实施高等学校本科教学质量与教学改革工程的意见(教高〔2007〕1号). [DB/OL]http://www. moe. gov. cn/s78/A08/moe_734/201001/t20100129_20038. html.

[10] 吴爱华 , 侯永峰 , 杨秋波 , 等 . 加快发展和建设新工科主动适应和引领新经济 [J]. 高等工程教育研究 , 2017(1):1–9.

[11] 陆国栋 . 如何打造真正的大学课程 [J]. 中国大学教学 , 2016(2):10–13.

[12] 教育部 ."新工科" 建设复旦共识 [J]. 高等工程教育研究 , 2017(1):10–11.

[13] 郎春玲 . 物联网工程专业项目驱动教学改革的研究与探索 [J]. 电子测试 , 2016(9):80–82.

[14] 何思霖 . 浅论互联网与传统行业的结合 [J]. 科技创新与应用 , 2016(3):1.

[15] 王燕晓 , 王艳飞 . 讨论式教学和填鸭式教学的经济学分析 [J]. 经济研究导刊 , 2008(17):243–244.

[16] 王国燕 . 研讨式教学法在高职商务英语课程中的应用探微 [J]. 江苏教育学院学报 (社会科学版), 2018(6):86–87.

[17] 侯玉秀 , 杨勇 , 孟鹏涛 . 大数据下高校网络教学平台的构建与运行 [J]. 情报科学 , 2016(3):62–65.

[18] 中国大学 MOOC 教师手册 (文档编号 163001). 2005. 10.

[19] http:166. 111. 92. 10/index. jsp 清华大学精品课程 .

[20] http://www. jpk. pku. edu. cn/pkujpk/ 北京大学精品课程 .

[21] 祝智庭 . 网络教育应用教程 [M]. 北京 : 北京师范大学出版社 , 2001. 9.

[22] 张一春 . 教师教育技术能力建构 : 信息化环境下的教师专业发展 [M]. 南京 : 南京师范大学出版社 , 2007

[23] 蒋家傅 . 网络课程的特性、构建原则及其构建模式探讨 [J]. 电化教育研究 , 2004(3):45–48.

[24] 姚奇富 . 网络辅助教学理论与设计 [M]. 杭州 : 浙江大学出版社 , 2016. 8.

[25] 沈丽燕 . 关于国内外网络课程发展情况的调查研究 [J]. 考试周刊 , 2008(10):140–142.

[26] 董建文 . 高校网络课程 TIC 教学模式设计研究 [D]. 南京 : 南京师范大学 , 2017.

[27] 汤智华 ."互联网 +" 时代高职院校在线开放课程建设研究与实践 : 以

贵州航天职业技术学院“网页设计与制作”课程为例 [J]. 教育现代化, 2018, 5(4):114–116.

[28] 张一春. 现代教育技术实用教程 [M]. 南京 : 南京师范大学出版社, 2005.

[29] 谢幼如, 柯清超. 网络课程的开发与应用 [M]. 北京 : 电子工业出版社, 2005.

[30] 谢舒潇. 浅谈网络课程的页面设计 [J]. 高等理科教育, 2004(1):101–104.

[31] 卢秋蓝, 刘成新. 网络课程的审美设计 [J]. 中国教育技术装备, 2005(2):15–18.

[32] 张海燕, 陈燕, 刘成新. 网络课程设计与应用调查分析 [J]. 中国电化教育, 2016(5):73–76.

[33] 黄文均. 网络课程教学设计中存在的问题及解决措施 [J]. 当代教育科学, 2006(14):35–37.

[34] 叶红英, 刘华萍. 论网络课程的设计策略 [J]. 西华大学学报, 2004(2):74–76.

[35] 钟莲花. 合理选择教学媒体提高教学效率 [J]. 教育信息化, 2003(8):50.

[36] 崔继馨, 关键, 池静. 多媒体在网络教学中的应用研究 [J]. 河北建筑科技学院学报 (社科版), 2004(9):88–89.

[37] 刘春志. 信息化教学设计模式初探 [J]. 现代教育技术, 2005(6):150–151.

[38] 冯秀琪, 库文颖. 网络环境中的交互学习 [J]. 中国电化教育, 2013(8):73–75.

[39] 汪琛. 网络教学交互策略研究 [D]. 上海 : 上海师范大学, 2003.

[40] 苗志刚, 王同明, 曹莹. 多媒体网络教学中交互的设计 [J]. 中国中医药现代远程教育, 2006(4):79–82.

[41] 刁小琴, 关海宁, 李杨, 等. 基于网络环境食品安全课程体系多元互动教学模式探讨 [J]. 农产品加工, 2019(1):110–112.

[42] 李宝敏. 基于网络环境下的互动活动理论的探讨与研究 [J]. 上海教育, 2011(18):37–38.

[43] 陈丽 . 计算机网络中学生间社会性交互的规律 [J]. 中国远程教育 , 2014, 9(6):17–22, 53–78.

[44] 梁勇 . 试论网络课程中的教学交互 [J]. 教育与职业 , 2005(36):142–143.

[45] 胡卫星 . 网络教学交互活动的设计与实施 [J]. 开放教育研究 , 2012(6): 47–48.

[46] 赵黎 , 章健 , 南淑玲 , 等 . 建立网络教学互动平台加强方剂学教学效果 [J]. 中国中医药现代远程教育 , 2017, 15(6):5–7.

[47] 程小阳 . 基于双向互动的经济学教学模式创新机制初探——以微观经济学网络课程为例 [J]. 教育现代化 , 2018(16):9–10.

[48] 齐健 , 杨琳 . 基于网络平台的互动式教学在高职院校的应用研究 [J]. 教育文化 , 2019(3):197–198.

[49] 颜红 . 网络课程交互性初探 [J]. 教书育人 , 2016(29):122–124.

[50] Wulf, J. , Blohm, I. , Brenner, W. Massive Open Online Courses [J]. Business & Information Systems Engineering, 2014(2): 111–113.

[51] Mutawa, A. M. It is time to MOOC and SPOC in the Gulf Region[J]. Education Information Technology, 2017(22):1651– 1671.

[52] 林云 . SPOC 混合教学的实践与反思 : 以省级精品在线开放建设课程“创新经济学”为例 [J]. 教育教学论坛 , 2019(3):182–183.

[53] 李海峰 . 中美在线开放课程的对比与分析——基于教与学的视角 [J]. 电化教育研究 , 2014(1):58–64.

[54] 郑旭东 , 陈琳 , 陈耀华 , 等 . MOOCs 对我国精品资源共享课建设的启示研究 [J]. 中国电化教育 , 2014(1):76–81.

[55] 任瑞仙 . 网络学习环境中的情感交流 [J]. 中国远程教育 , 2014(9):37–40.

[56] 毕菁华 . 建立课堂教学质量评价体系的实践性探索 [J]. 北京大学学报 , 2007(5):395–296, 294.

[57] 史歌 . 精品在线开放课程建设方案设计探讨——以“城市轨道交通服务礼仪”课程为例 [J]. 价值工程 , 2018(1):246–248.

[58] 李海峰 . 中美在线开放课程的对比与分析 : 基于教与学的视觉 [J]. 电化教育研究 , 20l4(1):58–64.

[59] 蔡敏 . 网络教学的交互性及其评价指标研究 [J]. 网络教育与远程教育 , 2007(11):40–44.

[60] 雷菡 . 有意义的教学测验——网络化适应性学习系统中的测验设计 [J]. 中国远程教育 , 2006(4):66–67.

[61] 李新 . 重视形式多样的作业 [J]. 上海教育 , 2007(17):59–60.

[62] 李克东 . 教育技术学研究方法 [M]. 北京 : 北京师范大学出版社 , 2003.

[63] 翟玮玉 . "等级评分" 评价机制在计算机教学中的尝试 [J]. 成才之路 , 2008(9):74–75.

[64] 张敏 . 高校成绩管理中的问题与对策 [J]. 教书育人 , 2015(11):105.

[65] 涂艳国 . 教育评价 [M]. 北京 : 高等教育出版社 , 2007.

[66] 王明伦 . 高等职业教育课程设置的依据和原则 [J]. 职业技术教育 , 2002(1):34–36.

[67] 雷呈勇 . 大学课程设置的依据和原则探析 [J]. 中国电力教育 , 2008(7):75–76.

[68] 王朋娇 , 胡卫星 , 赵苗苗 . 基于信息生命周期理论的网络教学资源管理 [J]. 中国电化教育 , 2005(12):77–80.

[69] 和学新 . 教学策略的概念、结构及其运用 [J]. 教育研究 , 2000(12):54–58.

[70] 徐春华 , 侯铁翠 , 黄喜民 , 等 . 网络教学结构分析 [J]. 开放学习 , 2006(10):37–39.

[71] 武书兴 , 陈俊国 . 网络课程评价初探 [J]. 西北医学教育 , 2018(3):65–68.

[72] 王艳军 . 网络教学资源库的构建研究 [D]. 上海 : 上海师范大学 , 2006.

[73] 李孟 . "互联网 +" 背景下课堂教学设计改革——以 "无线传感网络" 课程为例 [J]. 高教专刊 , 2017(24):96–99.

[74] 贾慧羡 , 姜文鹏 , 张凌 . "高等数学" 精品在线开放课程建设的研究与实践 [J]. 高校论坛 , 2018(32):20–21.

[75] 刘允，王友国，罗先辉．地方高校在线开放课程建设实践与探索——以南京邮电大学为例 [J]. 教育与教学研究，2016(8):69–73.

[76] 黄毅英，韦安琪．基于 SPOC 的移动数字化教学资源建设研究与实践——以广西经贸职业技术学院电子商务专业核心课程资源建设为例 [J]. 电子商务，2019(3):83–85.

[77] 吴彦春，胡业发．基于爱课程和移动互联网 + 慕课建设的实践研究 ——以我校国家精品在线开放课程"互换性与测量技术"为例 [J]. 科技经济导刊，2018(9):84–86.

[78] 王勇，江洋，王红滨，等．面向科技情报分析的知识库构建方法 [J]. 计算机工程与应用，网络首发：2021–10–25.

[79] 汗古丽·力提甫，杨勇，任鸽．智慧教育背景下的课程资源知识库平台设计 [J]. 信息技术，2021(9):13–18.

[80] 金钟明，李永可，李悦．农业知识库的设计与实现 [J]. 电脑知识与技术，2017, 10(32):7560–7561, 7584.

[81] 卢宇，马安瑶，陈鹏鹤．人工智能 + 教育：关键技术及典型应用场景 [J]. 中小学数字化教学，2021(10):5–9.

[82] 王懿霖，丁国明，赵霞．人工智能撬动全球教育深刻变革 [J]. 环球瞭望，2021(10):44–47.

[83] 闫二开，赵婉忻．区块链技术在我国图书情报领域的研究热点分析 [J]. 图书馆理论与实践，2021(9):63–68.

[84] 陈子阳，廖劲智，赵翔，等．融合子图结构的神经推理式知识库问答方法 [J]. 计算机科学与探索，2021, 15(10):1870–1879.

[85] 蔺奇卡，张玲玲，刘均，等．基于问句感知图卷积的教育知识库问答方法 [J]. 计算机科学与探索，2021, 15(10):1880–1887.

[86] 陈少华，董琪，熊强．面向服务的专业知识库平台建设与应用 [J]. 产业，2017(9):36–39.

[87] 张秀君，秦春秀，赵捧未，等．数字信息资源管理的自组织演化研究 [J].

理论与探索 , 2009, 32(1):26–29.

[88] 秦春秀 , 赵捧未 , 淡金华 . 基于自组织理论的数字信息资源管理 [J]. 图书情报工作 , 2008, 52(2):100–103.

[89] 高志强 , 官春云 . 卓越农业人才培养机制创新 [M]. 长沙 : 湖南科学技术出版社 , 2019.

图书在版编目（CIP）数据

作物学数字教学资源建设 / 高志强，阳会兵，唐文帮著. — 长沙 ：湖南科学技术出版社，2022.8
ISBN 978-7-5710-1326-4

Ⅰ. ①作… Ⅱ. ①高… ②阳… ③唐… Ⅲ. ①作物－网络教学－教学研究－高等学校 Ⅳ. ①S5-4

中国版本图书馆 CIP 数据核字(2021)第 239601 号

ZUOWU XUE SHUZI JIAOXUE ZIYUAN JIANSHE

作物学数字教学资源建设

著　　者：高志强　阳会兵　唐文帮
出 版 人：潘晓山
责任编辑：王　斌
出版发行：湖南科学技术出版社
社　　址：长沙市芙蓉中路一段 416 号泊富国际金融中心
网　　址：http://www.hnstp.com
邮购联系：0731－84375808
湖南科学技术出版社天猫旗舰店网址：
http://hnkjcbs.tmall.com
印　　刷：长沙新湘诚印刷有限公司
（印装质量问题请直接与本厂联系）
厂　　址：湖南省长沙市开福区伍家岭街道新码头路 95 号
邮　　编：410129
版　　次：2022 年 8 月第 1 版
印　　次：2022 年 8 月第 1 次印刷
开　　本：710mm×1000mm　1/16
印　　张：12.75
字　　数：172 千字
书　　号：ISBN 978-7-5710-1326-4
定　　价：78.00 元